빛깔있는 책들 201-3

떡과 과자

글, 사진/한복려

대원사

한복려

서울시립대학 원예과와 일본 조리사 전문학교를 졸업했다. 고려대학교 식량개발대학원 식품공학과를 졸업했으며 중요 무형 문화재 38호 국가 전수 장학생을 이수했다.
현재 사단법인 궁중음식연구원 원장이며 대전보건전문대학 전통조리과 강사이다.
사진은 탑스튜디오, 그린스튜디오, 포타운 등에서 촬영했다.

빛깔있는 책들 201-3

떡과 과자

사진으로 보는 떡과 과자

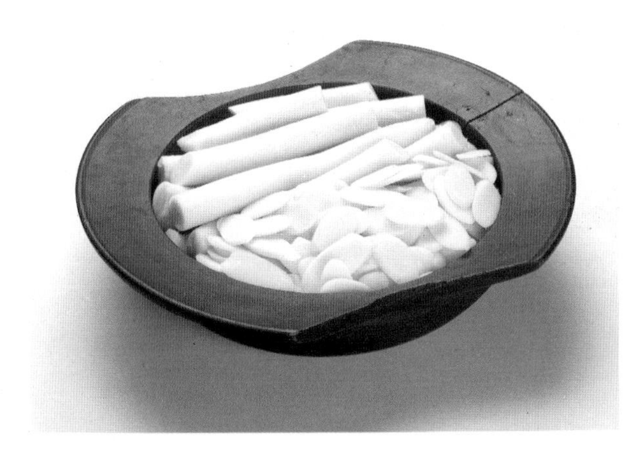

정월 초하루가 가까워오면 어느 집에서나 마당에 모여 떡을 쳤다. 명절을 쇠기 위해 떡을 치는 것은 아주 큰 일 가운데 하나였다.(왼쪽)
떡을 다 치고 나면 양손으로 잡고 늘여서 가래떡을 만든다. 떡이 적당하게 굳었을 때 썰어 두었다가 떡국을 끓인다.(오른쪽)

골무떡 떡을 쳐서 가래떡으로 만들기 전에 떡을 한입에 들어갈 만큼 작게 썰어서 꿀에 찍어 먹기도 한다

약식 약식은 잔칫상에 빠질 수 없는 전통 음식으로 오랜 역사를 가지고 있으며 신라 시대에 경주에서 시작되었다. 지금은 우리나라 어느 곳에서나 만드는 정월 대보름의 절식이다.

큰송편 음력 2월 초하루인 중화절이면 대갓집에서는 송편을 크게 빚어서 노비들에게 나이수대로 나누어 주었다.

화전 화전은 기름에 지지는 찰전병이다. 3월 삼짇날에 해먹는 절식으로 진달래 꽃을 많이 써서 '화전' 하면 곧 진달래화전을 연상한다. 꽃이 없을 때에는 대추와 쑥갓 잎을 써서 화전을 만들었는데 주로 웃기떡으로 많이 쓴다. 둥글납작하게 빚은 반죽을 기름에 부치다가 웃기를 놓는다.

쑥버무리 이른 봄에 새로 돋아난 애쑥 곧 어린 쑥을 뜯어서 날것 그대로 멥쌀가루에 훌훌 섞어서 찌는 떡이다. 의례적인 떡은 아니고 봄철 시식의 하나이다.

개피떡 떡자락으로 뚜껑을 덮은 생김새를 한 개피떡은 바람떡이라고도 하는데 한입 베어 물면 바람이 후루룩 빠져서 그렇게 이름이 붙었다. 통통한 것이 팥소와 함께 바람이 꽉 차 있어서 생김새가 예쁘다. 쑥이 나는 이른 봄에 곧잘 해먹는 떡이다.

수리치절편 오월 단오의 절식으로 수리치의 잎을 섞어 만든 절편으로 떡살로 떡을 찍어 만든 생김새가 수레바퀴처럼 생겼다.

깨소밀쌈 초여름에 햇밀을 거두어 가루를 내어 밀쌈을 만들어 먹는다. 밀쌈은 밀전병을 부쳐서 그 가운데에 소를 넣고 도르르 만다는 뜻이다. 사진은 꿀로 버무린 깨를 소로 넣은 것이다. 보통 후식으로 먹으며 만두로 먹는 밀쌈은 고기나 채소를 소로 넣는다.

송편 송편은 모든 지방에서 잘 만드는 떡으로 지방에 따라 생김새나 소가 다르다. 가장 먼저 나오는 햅쌀로 빚은 송편을 조상의 차례상과 묘소에 빠뜨리지 않고 올린다.

물호박떡 노랗게 익은 호박을 썰어 멥쌀가루와 섞어 흰팥고물로 켜로 하여 찌는 시루떡이다. 추석 무렵부터 많이 해먹는다.

시루, 시루밑, 짚방석, 솔 떡을 찔 때 쓰는 기구들이다. 시루 밑에 시루밑을 깔고 떡 재료를 넣은 다음 짚방석을 덮고 찐다. 솔은 그릇을 씻을 때 쓴다.(위)

여러 가지 목기 음식을 담거나 나르는 그릇. 음식의 종류에 따라 어울리는 것을 사용한다. (아래 왼쪽)

다식판, 약과판, 떡살 다식, 약과, 떡의 생김새와 무늬를 만들어 주는 틀이다.(아래 오른쪽)

함지박, 쳇다리, 체 함지박은 통나무 속을 파서 큰 바가지같이 만든 그릇이다. 쳇다리는 곡식 따위를 갈 때 맷돌 밑에 받쳐서 간 물이 떨어지게 하거나 가루를 내릴 때 체 밑에 받치는 것이다. 체는 음식을 갈 때 쓰는데 가는 체 굵은 체로 종류가 다양하다.(위)
떡을 만들려면 먼저 쌀을 나무 절구로 빻아 가루로 만들어야 한다. 요즈음에는 보기 힘든 옛날 아낙네들의 절구질 모습이 재미있다.(아래)

옛날 그림에 나타난 경로 잔치 모습이다. 동이에 떡을 수북이 담아 가운데에 놓고 노인들 앞에 각각 떡상을 따로 차려 대접한다.

고사떡 붉은팥시루떡은 고사떡으로 동신제라는 제사 때에 하던 떡이다. 시루떡은 한 켜의 두께를 두껍게 하고, 크고작은 시루에 여러 개를 쪄서 대청이나 우물가, 광, 부엌 같은 곳에 시루째 놓고 고사를 지낸다.

정월의 차례상이다. 떡국을 끓여 올려 놓고 절편을 만들어 편틀에 고인다. 그 밖에 과일, 약과, 다식 들도 놓는다.

돌상에는 백설기, 송편, 수수팥단지를 올려 놓는데 각각 순수함을 축원하는 뜻과, 속이 차라는 뜻 그리고 잡귀를 예방하는 등 아기의 장래를 기원하는 의미가 담겨 있다.

회갑 잔칫상에는 갖가지 떡과 과일, 조과류를 높이 고여 회갑을 맞은 사람이 더 오래 살기를 빈다.

추석날 손님에게 내는 상차림이다. 송편과 밤초, 대추초를 놓고 화채는 배숙을 놓는다.

여러 가지 떡 가운데에서도 편은 고임에 가장 적합한 떡이다. 메편과 찰편을 번갈아 고이고 맨 위에는 웃기떡으로 장식한다.

무지개떡 시루떡 가운데에서 쌀가루에 아무 것도 섞지 않고 찌는 떡은 무리떡이라 하며 고물을 쓰지 않고 한덩어리가 되게 찐다.

잡과병 설기떡 또는 버무리떡이라고도 한다. 병(餠)은 떡이라는 뜻이다. 잡과병은 쌀가루에 여러 가지 과일을 버무린 시루떡이라 하여 붙인 이름이다.

삼색인절미 인절미는 한자로 '인절병'이라고 하는데 차진 떡이라 잡아당겨 끊는다는 뜻으로 그런 이름이 붙었다. 찹쌀을 가루로 하지 않고 그대로 쪄서 절구에 찧거나 떡메로 친다. 쫄깃한 맛이 특징으로 콩가루, 흑임자를 갈아서 고물로 묻힌다.(왼쪽 위)
각색단자 찹쌀가루로 만드는 물편 종류로 소를 넣고 빚어 고물을 묻힌다. 단자를 몇 가지 만들어 어울리게 담아 각색단자라 한다. 대추, 석이, 쑥구리단자이다.(왼쪽 아래)
밤단자 봄에는 쑥구리단자, 가을에는 밤, 유자단자, 겨울에는 대추, 석이단자가 어울린다. 밤 고물을 묻힌 밤단자이다.(오른쪽)

경단 경단은 찹쌀가루를 익반죽하여 둥글게 빚어 만든 떡이다. 파란 콩가루, 노란 콩가루, 팥고물, 깨소금 같은 여러 가지 색의 고물을 묻혀 목기에 깔끔하게 담는다.

각색주악 주악은 마치 조약돌처럼 생겼다 해서 붙은 이름이며, 궁중에서는 조악이라고 불렀다. 순찹쌀가루 반죽에 대추, 깨, 유자 다진 것을 넣고 작은 송편처럼 빚어 기름에 튀겨낸다.

수수부꾸미 부꾸미는 찹쌀, 차수수, 밀가루 또는 녹두를 갈아서 전병처럼 기름에 지지다가 소를 가운데에 넣고 반달로 접은 떡이다. 수수로 만든 부꾸미이다. (왼쪽 위)
찹쌀부꾸미 찹쌀전병에 소를 넣고 반을 접어 지진 떡이다. (왼쪽 아래)
녹두빈자병 햇녹두를 갈아 팥소를 넣고 지진 떡으로 요즈음에는 거의 볼 수 없다. (오른쪽)

증편 송편이 가을 떡이라면 증편은 여름 떡이다. 멥쌀가루에 막걸리로 부풀려 찐 떡으로 설핏설핏 혀끝에 감겨오는 술 맛에 코끝이 간지럽고 삭짝 달짝지근한 맛이 설탕의 그것과는 선혀 다르다.

두텁떡 본디 봉우리떡이라고 한다. 궁중에서 전해 내려온 떡이라서 가정집의 떡과는 만드는 법이 다르다. 꿀로 버무린 팥고물과 밤, 대추, 잣, 유자를 소로 써서 생김새와는 달리 맛이 특별하다.

쇠머리떡 충청도 떡으로 팥, 콩, 밤, 대추 같은 것을 넣어 찐 시루떡이다. 떡이 약간 굳었을 때 쇠머리 편육처럼 썬다.

개성주악 술과 밀가루를 섞어 반죽한 다음 튀겨서 조청에 담근 개성의 주악이다.(위)
수수도가니 햇수수가루를 넓적하게 만들어 풋콩을 얹어 찐 경기도 특유의 떡이다.(아래)

메밀총떡 물에 푼 메밀가루를 기름에 부쳐서 가운데에 소를 넣고 양편에서 접어 길쭉하게 만든 떡이다. 강원도에서는 이것을 총떡, 제주도에서는 빙떡이라고 부르며 소로 무나물이나 호박나물을 많이 넣는다. 나물이 들어간 것은 초장에 찍어 먹으나 팥고물이나 깨고물을 소로 넣으면 떡이나 과자 대신으로 먹을 수 있다.(위)

감자송편 감자를 저절로 삭혀 녹말을 만들어 시루떡도 하고 송편도 빚어 찌면 맑게 비치는 멋이 있다.

강원도에서는 둥글게 빚은 송편을 손가락으로 눌러 자국을 내 감자송편을 만든다. 맑게 비치는 떡에 참기름을 바르면 더욱 맛이 살아난다.(아래)

호박찰시루떡 전라도 지방의 떡으로 늦가을, 누렇게 익은 맷돌호박이나 청둥호박의 껍질을 깎아서 둥글둥글 켜를 돌려 말려두었다가 겨울에 시루떡을 해먹는다.

고치떡 누에를 쳐서 마지막 잠을 재운 다음 잠박에 올려서 고치짓기를 기다리며 만드는 떡이다. 떡가루에 분홍, 노랑, 파랑의 물감을 들여 절편하듯이 한 다음 누에고치처럼 빚어 만든다.(왼쪽)

웃지지미, 웃기떡 전라도의 웃기떡은 멋을 많이 부린다. 한떡을 지진 다음 밤, 대추, 버섯을 얹는다.(오른쪽)

오쟁이떡 인절미에 팥소를 넣고 오쟁이처럼 빚어 만든 떡이다.(왼쪽)
좁쌀떡 차좁쌀을 인절미처럼 만들어 팥소를 넣고 콩가루를 묻힌다. 잡곡이 흔한 황해도 지방에서 많이 만드는 떡이다.(오른쪽 위)
좁쌀인절미 차조로 만든 인절미이다.(오른쪽 아래)

유과 유과는 우리나라 과자 가운데에서 으뜸으로 치며 잔칫상이나 제삿상에 빼놓지 않고 올린다. 생김새와 고물에 따라 이름이 다르며 입에 넣으면 바삭 부서지면서 사르르 녹는다. 장가 온 신랑의 후행(後行) 또는 상객(上客)이 돌아갈 때 신부집에서는 대나무나 버들로 엮은 그릇에 각종 음식을 담아 보내는데 이 때 보내는 유과는 잣, 대추 따위로 모양을 내어 정성껏 만든다.

산자 반죽을 큼직하고 편편하게 하여 튀긴 다음 밥풀을 고물로 묻힌 것이다.

매화산자 보통 산자보다 조금 더 크고 편편하게 튀겨서 매화산자에 쓰이는 나락과 그것을 볶아 껍질을 벗겨낸 나락 튀긴 것을 고물로 묻힌다. (왼쪽)
매화산자에 쓰이는 나락과 그것을 볶아 껍질을 벗겨낸 것들이다. (오른쪽)

약과 유과가 아닌 유밀과의 일종으로 약과의 약(藥)이란 꿀이 많이 들어가는 음식에 붙인 나. 밀가루에 기름과 꿀 또는 술을 넣고 반죽해서 만든다.

엿강정 흑임자, 들깨, 파란콩, 검정콩 따위를 볶은 것이나 잣, 호도, 땅콩같이 고소하고 향기 좋은 재료에 단맛을 더해 만든 과자이다

다식 다식은 깨, 콩, 찹쌀, 송화, 녹말을 가루내어 꿀로 반죽한 다음 모양틀에 찍어낸 것이다. 수복강령의 글귀나 꽃 무늬, 바퀴 무늬, 완자 무늬 따위의 여러 문양이 있으며 무늬가 몹시 정교하여 옛날 조상들의 예술성을 엿볼 수 있다.

구절판에 곶감쌈, 생률, 어포, 대추초, 도라지정과, 호두튀김, 은행볶음, 육포, 잣솔 같은 마른 안주를 담았다. (위)

섭산삼 산삼은 더덕의 한자 이름으로 더덕의 생김새와 효능이 삼과 비슷하다 하여 붙은 이름이다. 섭자가 붙은 음식들은 주로 두드려서 요리한다. 섭산삼에 관한 조리법이 삼백년 전 조리서인「음식디미방」에 기록되어 있는 것으로 보아 매우 오래된 음식임을 알 수 있다. (아래)

과편 앵두, 살구, 모과같이 신 과일에 설탕을 넣고 조리다가 녹말을 넣어 굳힌 것으로 서양의 젤리와 비슷하다. 보통 생률과 같이 먹는다.(위)

곶감쌈 주머니곶감에 호두를 넣고 말아 얇게 썰면 예쁜 생김새의 곶감쌈이 된다. 주로 정월에 먹는데 곶감은 겨울철 영양 공급에 큰 몫을 차지하는 중요한 과일로 당분이 많고 비타민씨가 많이 들어 있어 신진대사에 도움을 준다.(아래)

떡수단 덩어리 흰떡을 가늘게 콩알만큼씩 끊어 놓고 가운데를 손바닥으로 누른다. 이 수단거리를 녹말에 묻혀서 끓는 물에 삶아 찬물에 건졌다가 꿀물에 띄운다. 통잣을 몇 개 띄우면 매끄럽고 유두에 먹는 시원한 여름철 음료가 된다.(왼쪽)

수정과와 배숙 수정과는 정초에 만드는 화채로 시원하고 향긋한 국물 맛과 말랑하면서 달콤한 곶감의 맛이 어우러져 누구나 즐겨 찾는 한식 음료이다. 국물 맛을 내는 계피와 생강은 같이 넣고 끓이면 서로 맛이 상쇄되어 향을 낼 수 없으므로 따로 끓여서 합해야 제맛이 난다. 배숙은 배로 만든 수정과류의 음료로 보통 민가에서는 곶감수정과를 많이 만들어 먹었으며 배숙은 주로 궁중에서 만들어 먹었다.(오른쪽)

제호탕 우리나라의 음료 곧 뜨거운 차와 화채는 거의 모두 한방재를 기본으로 하여 만든다. 제호탕은 여러 한약재를 가루로 만들어 꿀을 넣고 오랜 시간 저어 중탕한 다음 백자 항아리에 담아 두고 찬물에 한 숟가락씩 타서 마시는 여름철의 건강 음료이다. 궁중에서는 단오에 임금은 부채를 하사하고 궁중 안의 의원에서는 제호탕을 임금께 진상하였다. 임금은 일흔 살이 넘은 정이품 이상의 문관이 모이는 기로소(耆老所)에 이 제호탕을 하사하였다.(왼쪽 위)

송화밀수 봄철에 송화 곧 소나무의 꽃가루를 받아 두었다가 꿀물에 타서 마신다. 이 가루는 가벼워서 물 위에 뜨며 섞여 풀어지지 않는다.(왼쪽 아래)

진달래화채 오미자를 우려낸 찬물에 꿀이나 설탕을 타고 진달래 꽃잎을 띄운 것으로 3월 삼짇날 먹는 시식 음료이다.(위 왼쪽)

보리수단 햇보리가 나오는 5월에 만든다. 햇보리를 삶아 알알이 녹말을 묻혀 다시 삶은 다음 꿀물이나 오미자 국물에 담근다.(위 오른쪽)

유자화채 유자는 귤과 함께 겨울 화채의 재료이다. 초겨울에 나오는 햇유자를 배와 함께 채썰어 색색으로 곱게 담아 놓고 석류알과 잣을 띄운 다음 꿀물이나 설탕물을 살짝 붓는다. 유자화채는 그 향과 맛이 뛰어나 최고의 화채로 친다.

오매화채 매실을 말려서 만든 화채로 새콤한 맛이 난다. 배를 건더기로 띄운다.

떡과 과자

떡 이야기

우리나라 사람들은 일생을 살아가며 기쁜 일이나 슬픈 일을 겪을 때와 행사나 의례 때에 꼭 떡을 만들어 그 마음을 담는다. 식생활의 주된 식품이 곡식인지라 자연히 곡식으로 만드는 떡이 밥과 함께 대종을 이룬다.

떡에 얽힌 속담도 많아서 이를테면 "떡 주무르듯 한다"는 말은 떡 만드는 솜씨에 빗대어, 뜻한 대로 행할 수 있는 것을 나타내는 표현이고, "어른 말을 들으면 자다가도 떡이 생긴다"라는 말은 떡이 곧 맛난 것, 좋은 것임을 상징하는 표현이다. 이와같이 떡은 우리의 식생활과 밀착되어 있음을 알 수 있다.

떡의 역사

떡은 농사를 짓던 우리 선조들이 밥을 짓고 죽을 쑤다가 자연스럽게 만들게 된 것이 아닌가 싶다. 옛 문헌이나 출토된 유물을 살펴보면 떡의 역사는 원시 농경 사회로 거슬러 올라간다. 곧, 적어도 기원전 십팔 세기쯤부터 이 땅에서 씨를 뿌리고 밭을 갈아 농사를 지었다고 하는 기록을 보거나, 그 시기의 유적에서 거의 빠짐없이 갈돌이나 확돌(곡식을 갈아 껍질을 벗기거나 잘게 부수는 데에 사용하는 도구)이 발견되는 것으로 보아 그렇게 짐작된다. 기원전 1000년쯤인 청동기 시대부터 기원전 300년쯤인 철기 시대로 이어지면서 쌀농사를 짓게 되었으니 패총이나 주거지의 화덕, 시루와 비슷하게 생긴 토기에서 짐작컨대 곡물을 찌는 형태에서 발전되어 그 뒤로 떡도 만들어 먹게 되었을 것이다.

떡에 얽힌 얘기는 옛 문헌에도 이따금 나온다. 그 유명한 백결 선생이 가난하여 설에도 떡을 찌지 못해 안타까워 하는 아내를 위로하느라고 떡방아소리와 비슷한 곡으로 거문고를 탔다는 이야기는 널리 알려져 있다. 또 「삼국사기」에는 남해왕이 죽자 다음 왕을 정하는 방법으로 떡을 물어 잇자국이 많이 난 사람을 택했다는 일화가 전해온다. 「가야국기」에는 해마다 지내는 제사 음식에 떡이 들어 있다고 써 있고, 「삼국유사」에는 화랑 죽지랑이 친구를 만나러 가면서 술과 함께 떡을 들고 갔다는 이야기가 적혀 있다.

떡의 쓰임새

이와 같은 사실로 미루어 보아 떡은 시식, 절식, 통과 의례식 혹은 이웃이나 친지와 나누는 정표 음식으로 쓰였음을 알 수 있다.

의례 음식으로 쓰이는 떡이라고 하더라도 종교에 따라, 계절에 따라, 잔치나 제사에 따라, 상차림에 따라, 가세 형편에 따라 저마다 상에 올리는 떡의 양과 질, 가짓수가 달라진다. 이를테면 조선 시대에 보편적이던 유교식 제사에는 떡을 네모진 편틀에 맞추어 썰어 똑바로 고여 담는데 그 종류가 계절을 타긴 하나 대체로 스무 가지가 넘었다. 또 불교식으로 지내는 절의 제사에는 주로 인절미, 절편, 거피팥편, 백설기, 시루편 들이 상에 올랐다. 그런가 하면 무속의 젯상은 백설기팥편이 중심을 이루는데 기원을 하거나 액을 막을 때에는 주로 붉은팥이 들어간 떡을 만든다. 가장 기쁠 때 차리는 큰상이나 혼인상에는 떡의 종류와 가짓수도 많고 높이 쌓아올려 정성을 표현하기도 한다.

민가에서도 흔히 추수가 끝나고 거두어 들인 햇곡식으로 시루떡을 쩌서 한 해의 결실을 감사하며 동시에 다음해의 농사도 하늘이 보살펴 주기를 바라는 마음으로 고사를 지냈으며, 어촌에서는 고깃배를 떠나 보내기에 앞서 마을에서 쌀을 모아 흰 절편을 찌고 이것을 양푼에 굵직하게 서리어 올려 '용떡'을 만들어 풍어제를 지내기도 했다.

시식과 절식

세시가 뚜렷한 우리나라의 옛 풍습에서는 명절 때마다 해먹는 음식이 다르고 또 춘하추동 계절에 따라 그 시기에 새로 나는 음식을 즐겼다. 절식은 다달이 있는 절기에 따른 명절 음식을 말하고, 시식은 사철에 따라 나는 식품으로 만드는 음식을 말하는데 이것은 떡에서 가장 잘 나타난다.

거의 달마다 하게 되는 떡은 그 달에 낀 명절과 관계가 있었으며 떡을 해서 조상에게 바치거나 아랫사람에게 하사하거나 친척끼리 주고받았다.

먼저 음력으로 정월 초하룻날인 설날에는 '정초다례'(종묘나 가묘에서 제사 지내는 것)를 올리는데 이 때는 '메'(밥) 대신에 가래떡으로 끓인 떡국을 올리고 절편을 크게 만들어 편틀에 올려 차례를 지낸다. 하얀 떡은 순수무구한 경건함을 나타낸 것이다.

정월 대보름에는 약식을 만들어 먹는데 이는 신라 때부터 전해 오는 한 일화에 따른 것이다. 신라 소지왕이 정월 보름날에 잠시 천천정으로 거동하였는데 난데없이 까마귀가 날아들어 이를 상서롭지 않게 여긴 왕은 곧바로 환궁하여 역보를 꾀하는 무리들을 제거하였다고 한다. 그 뒤로 까마귀에게 보은하는 뜻으로 대보름날을 '오기일'로 정하고 제를 지내는 한편 검은 색이 나는 약식을 만들어 먹었다는 이야기이다.

이월 초하루인 중화절에는 지난 가을에 매달았던 곡식을 내려서 떡가루를 만들어 송편을 빚는다. 큰 것은 손바닥 만하게, 작은 것은 달걀 만하게 만드는데 속은 팥고물을 넣고 솔잎으로 격자놓아 쪄내어 솔잎을 떼고 참기름을 바른다. 이 날은 특히 노비들에게 나이 수대로 송편을 나누어 먹이고 하루 일을 쉬게 한다. 그래서 중화절을 노비일 또는 머슴날이라고 하였다.

강남 갔던 제비가 다시 돌아온다는 삼월 삼짇날은 봄이 왔음을 일러 주는 날이다. 겨울 내내 갇혀 살다가 화창한 봄을 맞아 새 싹이 나고 만물이 소생하며 해방된 기쁨을 만끽하는 명절인 만큼 진달래꽃잎으로 화전을 부쳐 먹는다. 집안의 우환을 없애고 소원 성취를 비는 산제를 드리는 날이다.

사월 초파일에는 석가의 탄생을 축하하는 뜻으로 그 때에 막 싹이 돋은 어린 느티나무 잎을 멥쌀가루에 섞어 느티떡을 쪄먹는다.

오월 단오는 '천중절'이라고 하여 거피팥시루떡을 만들어 단오차사를 지낸다. 이 날 만드는 수리치떡은 절편처럼 수리치를 넣고 떡을 쳐서 떡살로 수레바퀴 보양의 무늬를 박아 내었다. 그 밖에 쑥을 넣고 버무리, 절편, 인절미 같은 떡을 만들었다.

유월 보름 곧 유두날에는 그 즈음에 거둔 밀로 국수를 만들어 먹는 한편으로 떡을 쪄서 막 딴 참외와 함께 논에 나가 용신께 바치며 풍년을 기원한다. 흰떡 친 것을 작은 구슬 모양으로 빚어 삶아서 꿀물에 띄워 먹는 떡수단을 해먹기도 한다.

칠월 칠석에는 부녀자들이 마당에 바느질 차비도 하고 맛있는 음식도 차려 놓고 길쌈과 바느질을 잘하게 해달라고 빈다. 복숭아화채와 함께 밀전병을 부쳐 깨소를 넣는 밀쌈 증편을 만들어 먹기도 한다. 한편 칠월 삼복에는 깨찰떡, 밀설구, 주악 들을 해먹는다.

팔월 한가위에는 새로 거둔 햅쌀과 햇곡식으로 송편을 빚어 조상께 감사하며 차례를 지내고 성묘도 가며 이웃과 나눠 먹는다.

구월 구일 중양절에는 추석 제사 못 잡순 조상께 제사를 지내고, 국화의 계절이라 국화전을 한다. 그 밖에도 인심이 후한 때인 만큼 물호박시루떡, 무시루떡, 밤단자, 대추인절미 들을 해먹는다.

시월 오일, 상달에는 햇곡식으로 붉은팥고물을 놓아 시루떡을 쪄서 마굿간에 갖다 놓고 말이 잘 크고 병이 없기를 빈다. 특히 무오일에는 무당이 성주굿을 하러 다닌다.

십일월 동짓날에는 붉은팥으로 죽을 쑤고 찹쌀가루로 새알심을 만들어 넣고 소금간을 한다. 옛날에는 팥죽을 문짝에 뿌리면 액을 막는다고들 하였다.

섣달 그믐에는 온시루떡과 정화수를 떠 놓고 고사를 지낸다. 또 흰떡을 가지고 색색으로 만들어 골무같이 빚어서 나누어 먹는다.

이와같이 우리나라 사람들은 일 년 열두 달 재료를 다양하게 쓰고 종류도 다양하게 하여 떡을 만들어 먹기를 즐겼다. 또 떡은 이웃끼리 나누기도 편한 음식이니 울타리를 터놓고 살던 그 시대에 정표로서 주고받는 일이 많았다.

통과 의례

사람은 태어나서 사는 동안에 기쁜 일을 여러 번 맞게 된다. 곧 태어나는 일을 비롯해서 생일, 혼인, 회갑 같은 경사를 맞는다. 떡을 좋아하고 잘 해먹는 우리나라 사람인 만큼 이런 경사 때에는 우선 떡을 위주로 해서 음식을 장만한다.

경사 떡은 아이와 어른의 경우가 서로 다르다. 아이일 때에는 대개 흰무리, 수수팥떡, 송편 들을 하는 데 견주어 어른이 되어 치르는 혼인, 회갑, 진갑에는 각색편, 인절미, 절편 들을 주로 한다.

아이가 태어나 삼칠일, 백일, 돌을 맞으면 흰무리와 수수팥단지, 송편을 꼭 하는데, 흰무리는 아무 것도 섞이지 않은 순수함을 축원하는 뜻이 들어 있고, 송편은 그 안에 들어 있는 속처럼 속이 차라는 뜻이며, 아이가 일곱 살이 되기까지 반드시 해먹이는 수수팥떡은 아이를 삼신이 지키는 나이까지 잡귀가 붙지 못하도록 예방하는 뜻이 담겨 있다. 또 아이가 서당에 다녀 어려운 책을 끝냈을 때 자축하는 의미로 음식과 떡을 푸짐하게 해서 선생님, 친구들과 함께 먹는 책걸이라는 풍습이 있었다.

혼인과 회갑 잔치에도 떡을 빼놓을 수 없다. 떡을 많이 하여 상에 층층이 높이 고여 정성을 올린 다음 그 떡으로 잔치를 치르고 서로 나누어 먹는다. 사돈집에 보내는 이바지떡으로는 인절미와 절편을 주로 한다. 그런데 인절미와 절편 같은 고물이 없는 것을 높이 고일 때에는 예쁘고 조그맣게 만든 화전이나 주악을 웃기로 얹는데 손이 많이 가므로 나누어 먹지는 못한다.

떡

떡의 기본

이제까지 살펴보았듯이 절기마다 또 사람이 살면서 겪는 여러 의례 때마다 빠지지 않고 상의 중요한 자리를 차지하는 떡은 그야말로 우리의 전통 음식 중에서도 꽤나 독특하고 고유한 맛과 멋을 지닌 음식이다. 떡은 종류에 따라서 또는 같은 떡이라도 그 집안의 내림 솜씨에 따라 만드는 방법이나 모양 내는 기술이 저마다 다르다. 그렇지만 어떤 떡이거나 기본적으로 적용되는 방법이 있으니 떡가루를 만드는 법과 고물을 만드는 법 그리고 시루에 찌는 법들이 바로 그것이다. 그것들은 떡 만드는 방법의 기초이자 맛을 좌우하는 비결이 되기도 한다.

떡가루 만드는 법

떡은 무엇보다도 가루와 물의 배합이 잘 맞아야 잘 익는다. 잘못하면 떡이 설거나 물이 많아 질게 된다. 떡에 쓰는 쌀은 물에 불렸다가 가루를 만들어 쓰는 것이 좋다. 대체로 물에 담가서 세 시간쯤 불리면 수분 함유량이 삼십 퍼센트 가량 되고 다섯 시간쯤 불리면 백 퍼센트까지 물을 흡수하므로 그 시간을 넘길 필요는 없다.

물에서 건진 쌀에 웬만큼 간을 해서 빻는데 이를테면 쌀 다섯 컵(작은 되로 한 되)에 소금 한 큰술 꼴로 넣고 방아에 빻아 체로 친다. 멥쌀가루를 쓰는 떡이면 가루에 설탕물이나 소금물을 뿌려 손으로 비벼 체에 친다. 이것을 '물 내린다'고 말하는데 멥쌀의 메진 것을 찹쌀처럼 차지게 하려고 그렇게 한다. 이 때 쌀가루가 스무 컵이면 설탕은 그 십분의 일인 두 컵을 물 한 컵 반에 풀어 넣고 고루 섞어 쓴다.

방아에 빻은 가루는 다시 체에 내려서 쓰는데 체는 발이 고운 것을 쓰는 것이 좋다. 그런데 쌀을 가루로 빻으면 양이 더 많아진다. 곧 쌀이 다섯 컵이었으면 쌀가루는 두 곱절이 훨씬 넘는 열세 컵쯤 나오니 이것을 감안해서 떡쌀을 담가야 한다. 찹쌀가루의 경우에는 차지기 때문에 물을 주지 않거나 가루가 말랐을 때 조금 준다.

떡고물 만드는 법

고물은 시루떡을 찔 때에 켜켜로 안쳐 쓰기도 하고, 경단이나 단자에 옷을 입히기도 하며, 송편, 단자, 개피떡, 부꾸미 같은 떡의 소를 채우기도 하는 곡식가루를 말한다. 그러니 백설기나 흰무리처럼 아무 것도 섞이지 않은 떡을 빼고는 거의 모든 떡에 반드시 필요한 부재료가 되는 셈이다. 시루떡에 고물을 얹는 것은 특별한 맛을 내느라고 그러기도 하지만 가루 사이마다에 층이 생겨 그 틈새로 김이 잘 스며 올라 떡이 잘 익도록 도와 주는 구실을 하기 때문이다. 특히 찹쌀가루를 써서 찌는 떡은 켜를 얇게 하고 고물을 깔아야 잘 쪄진다.

붉은팥고물 만드는 법 붉은팥은 녹두나 참깨와는 달리 껍질을 벗기지 않고 쓰는 고물이므로 팥에 물을 넉넉히 붓고 밥을 짓듯이 지어 뜸을 들여 익힌다. 시루떡에 켜켜로 뿌리는 고물이 질면 떡 하기가 어렵다. 고물을 보슬보슬하게 잘 만들려면 팥을 센 불에서 한소끔 끓여 충분히 익히되 배가 터지기 전에 소쿠리에 담고 물을 뺀다. 물기가 다 빠지거든 팥을 다시 솥에 담고 약한 불로 흠씬 뜸을 들인 다음에 커다란 그릇에 쏟아서 주걱으로 으깨거나 굵은 체(어레미)에 걸러서 쓴다. 붉은팥고물의 분량은 쌀의 절반쯤이면 적당하다. 고물은 늘 소금 간을 해야 하는 것을 잊어서는 안 된다.

거피팥고물 만드는 법 검푸른 겉껍질을 통째로 벗겨 낸 팥이 거피팥인데 이것을 물에 다섯 시간 넘게 담가 충분히 불린 다음에 물을 갈아주면서 자주 비벼 씻어 남아 있는 껍질을 없앤다. 깨끗이 손질한 팥을 찜통에 넣어 푹 쪄낸다. 손으로 몇 알 꺼내 비벼 보고 완전히 으깨질 때 꺼낸다. 쪄낸 팥을 쏟아 방망이로 으깬 후에 소금 간을 하고 어레미에 내리면 뽀얗게 포실포실한 가루가 된다. 대부분의 편에서는 이 고물을 가장 많이 쓴다. 두텁떡을 할 때는 이 고물에 간장, 설탕을 넣고 볶아서 고물로 쓰는데 잘 쉬지 않는다. 거피팥고물은 붉은팥고물과 마찬가지로 쌀의 절반쯤 써야 적당하다.

녹두고물 만드는 법 녹두도 될 수 있으면 거피팥처럼 잘지 않게 맷돌에 들들 타서 키로 까불어 가루를 날린다. 맷돌질한 녹두를 물에 담가서 불린 다음에 물을 따라 버리고 옹배기에 담아 손으로 벅벅 문질러 껍질을 벗겨 낸다. 물로 여러 번 헹구어서 껍질을 말끔히 흘려 버린다. 이것을 솥에 붓고 한소끔 끓여 푹 익으면 불을 줄여 남은 물을 따라 버리고 뜸을 들인다. 고물 익히는 것이 익숙지 않아 눌까 봐 걱정이 되면 찜통이나 시루에 쪄도 된다. 녹두고물은 맛이 연하고 노르스름한 빛깔을 띤다. 이것은 으깨지 않고 그대로 소금으로 간을 하여 쓴다. 편의 고물이나 송편 속으로 많이 쓰는 녹두고물은 쌀 양의 사분의 일의 비율로 맞추어 장만한다.

흑임자고물 만드는 법 흑임자, 곧 검은깨를 바가지에 담아 물을 조금만 붓고 박박 문지른 다음 물을 더 붓고 일어 고운 체에 건져서 물을 쪽 뺀다. 검은깨는 볶을 때 자칫 타기 쉬우므로 조심해서 볶는다. 알맞게 볶은 깨를 절구에 넣고 찧어서 발이 중간쯤 되는 중체에 쳐서 소금으로 간을 맞춘다. 이 흑임자는 음식이 쉬 상하기 쉬운 여름철에 먹을 시루떡에 적당한 고물이다.

참깨고물 만드는 법 먼저 참깨를 씻어 돌 없이 잘 인 다음, 바가지에 담아 물을 조금 붓고 손으로 비벼서 껍질을 벗긴 뒤에 물을 바꾸어 주면서 뜨는 껍질을 버리고 씻어 낸다. 이것을 '실깨한다'고 부른다. 이것을 아가리가 넓은 솥에서 타지 않게 볶아 식기 전에 퍼내서 나무절구에 넣어 찧는다. 가루를 더 곱게 내려거든 체에 쳐서 쓰고 소금으로 적당히 간을 한다. 참깨고물은 쌀 양의 사분의 일쯤이 필요하다.

콩고물 만드는 법 콩은 물에 담가 두면 둘수록 불기 때문에 얼른 물에 씻어 돌 없이 인 다음에 물을 쪽 빼거나 젖은 행주에 콩을 굴려 닦아낸다. 이것을 볶거나 살짝 쪄서 말린 뒤에 반쪼가리가 날 만큼 맷돌에 굵게 타서 키로 껍질을 까불어 버린다. 볶은 콩이라도 다시 한 번 맷돌에 곱게 갈아 고운 체로 치면 가루가 곱게 나온다. 콩 빛깔대로 가루가 색이 나 떡 빛깔을 보기 좋게 하기도 한다. 콩가루는 소금 간을 하는 것이 원칙이나 이따금 설탕을 넣어 단맛을 내는 수도 있다. 콩고물은 경단이나 인절미 고물에서 빼놓을 수 없다. 푸른콩 고물은 콩 자체가 속까지 푸른 것을 써야 한다.

밤고물 만들기 밤을 통째로 무르게 삶아 속껍질까지 벗겨 방망이로 으깨고 체에 내려 쓴다. 단자, 경단의 고물, 송편의 속으로 쓴다.

가루에 섞는 것

무시루떡, 물호박떡, 콩설기, 쑥인절미 따위는 가루에 섞은 것에 따라 이름이 붙여진다. 시루떡이나 버무리를 할 때에는 떡맛을 좋고 특이하게 하기 위해 콩뿐 아니라 쑥, 밤, 호박고지, 무, 대추 들도 섞는다. 또 인절미와 절편, 송편은 흰빛이나 쑥빛을 내는데 쑥의 비취빛은 보기에도 좋거니와 향취도 썩 좋다. 쑥은 찐 떡을 절구에 넣고 찧어 차지게 할 때에 넣는다. 무는 붉은팥시루떡을 할 때에 가루에 넉넉히 채를 썰어 넣는데 무가 많이 들어가면 물이 생기므로 쌀가루에 물을 많이 주지 않는다. 물호박이나 상치잎도 가루에 섞어 거피팥고물을 얹은 켜떡을 만든다. 호박고지는 말려 두었던 것을 불려서 짧게 끊어 쓰는데 색이나 맛이 별스럽다.

시루떡 찌는 법

떡을 찌는 시루는 뭐니뭐니해도 질그릇으로 소박하게 구워낸 토기가 으뜸이다. 물론 꼭 질시루에서만 떡이 되는 것은 아니나 양은으로 된 시루는 겉물이 돌아 떡이 질어지고 김이 골고루 오르지 않으므로 안심할 수가 없다. 질시루라야 물기를 흡수하는 성질이 있어 떡가루가 마르거나 가장자리가 설익을 염려가 없다. 또 수증기가 어려 가장자리로 물이 흘러들어 떡이 질척하게 될 염려도 없다. 그런데 쌀가루를 안치기에 앞서 시루를 물에 씻어 바싹 마른 뒤에 촉촉한 떡가루를 안쳐야지 그렇지 않고 덜 마른 시루에 안치면 시루 자체가 김을 빨아들이지 못하여 떡 가장자리가 젖게 되며 떡 모양이 예쁘지 않다. 옛말에 가장자리에 붙은 떡은 질척해서 허리 아픈 사람이 먹으면 좋다 하여 떡을 찌는 여자들이 억지 춘향으로 먹기도 하였다고 한다.

떡을 안치는 방법은 크게 두 가지가 있으니 켜켜로 고물을 넣는 '켜떡'과 켜 없이 하는 '설기'나 '버무리'가 그것이다. 되도록 떡가루의 분량을 적당히 나누어 편편하게 잘 펴야 하고, 떡가루를 다 안

1 쌀가루에 물을 섞어 비빈다. 2 물에 비빈 쌀가루를 체에 곱게 친다. 3 팥고물을 삶아 물을 뺀다. 4 팥고물을 찧는다. 5 시루에 쌀가루와 고물을 켜켜로 안친다. 6 밀가루를 말랑하게 반죽하여 시루번을 붙인다 7 보를 덮고 찐다. 8 떡을 엎는다.

친 다음에 한지를 위에 덮고 손바닥으로 조금씩 힘을 주면서 문질러 편편히 한다. 위가 편편하지 않고 틈이 벌어지면 떡이 갈라진 채로 익기 때문에 모양이 나지 않는다. 멥쌀떡은 한 시루에 몇 켜를 쪄도 폭신폭신하여 김이 잘 통과하니 설익는 법이 없으나, 찰떡은 켜의 두께가 두꺼우면 더운 김이 떡가루 사이로 잘 스며들지 못해 가운데가 서는 수도 있다. 그러므로 찹쌀떡을 할 때는 언제나 시루 밑 바로 위에 고물 무거리를 한 켜 두껍게 깔고 멥쌀가루를 몇 켜 안친 다음 고물과 같이 찹쌀가루를 안치면 된다.

떡시루를 솥에 걸 때에는 떡가루에 금이 가지 않도록 시루 끝자리를 꽉 붙들어 기울어지지 않게 한다. 시루를 맞잡으면 좋지 않다는 속설이 있는데 이는 질시루가 깨지기 쉬우므로 혹시나 염려가 되어 처음 시작한 사람이 끝까지 시루를 안쳐야 함을 표현한 것이다.

솥 안의 물이 적당해야 하는데 솥 안의 물을 가늠하려면 솥 가운데에 사기 사발을 하나 엎어 놓는다. 물이 끓는 동안에 사발의 덜그럭거리는 소리로 물의 양을 알 수 있다. 물을 지나치게 많이 넣어 끓이면 물이 솟구쳐 떡이 질게 되는 수가 있다.

솥에 시루를 꼭 붙들어 매느라고 흔히 시룻번을 붙이는 것을 볼 수 있다. 시룻번은 쌀가루나 밀가루를 되직하게 물에 개어서 솥과 시루 사이에 조금도 틈이 없도록 발라 메운다. 조금이라도 사이가 뜨면 그만 김이 새어 떡이 잘 익지 않는다. 또 시루를 솥에 걸기 전에 솥 안의 물이 너무 끓어도 시룻번이 잘 붙지 않으니 물이 끓기 전에 미리 붙여야 한다.

떡을 고루 익히려면 불길의 세기 또한 물의 양 못지않게 중요하다. 솥 밑에 불길이 골고루 닿아서 김이 앞뒤에 고루 올라야 떡이 잘 쪄진다. 옛날 어머니들은 떡을 안칠 때 새벽녘에 일어나 치성을 드렸다. 때로 말썽이 생겨 떡이 익지 않는 일이 있었는데 이 때에 옛날 사람들은 부정을 탔다고 했지만 사실은 장작불을 때서 했기 때문에 불길이 앞뒤로 고루 오르지 못해 그런 일이 일어난 것이다. 시루의 둘레를 만져서 따뜻하게 되면 김이 전체적으로 고루 오르는 증거이며, 김이 나오는 그 때부터 작은 시루이면 십오 분, 큰 시루이면 삼십 분쯤 불을 때면 가루가 다 익고 멥쌀일 경우 시루 가장자리부터 떡이 떨어진다. 그런데 시루 위에 물 축인 베보자기나 짚방석을 뚜껑 삼아 덮으면 떡이 잘 쪄진다는 것을 알아 두면 좋다. 만일에 솥뚜껑을 덮으면 김이 밖으로 새 나가지를 못하여 다시 물이 되어 떡 위나 시루 가장자리로 흘러 떡이 질척해진다. 센 불에서 앞에 말한 시간만큼 익히다가 그만 불을 끄고 십 분에서 십오 분쯤 뜸을 들인다.

그러고 난 다음에 시룻번을 떼고 시루를 솥에서 내려 베보자기를 걷어내어 한김이 빠져 나가도록 한다. 떡을 찌는 것도 중요하지만 떼어내는 일도 중요하다. 떡이 충분히 식은 다음에 큰 시루떡은 편도(떡 써는 나무칼)로 썰어서 커다란 나무주걱이나 접시를 대고 떼어내고, 작은 시루떡은 보자기로 위를 덮어 꼭 매어 싸 가지고 떡판에 단번에 엎어 낸다. 고시레떡이라 하여 절편, 흰떡, 인절미 따위의 떡을 찔 때에는 먼저 쌀가루에 물을 주어 버물버물 섞은 것을 시루에 안치는데 이것은 켜떡이 아닌데도 시루를 사용한다.

떡의 종류

떡은 만드는 방법에 따라 크게 두 가지로 나뉜다. 곧 시루에 직접 떡가루를 안쳐 찌는 시루떡과 떡가루를 반죽하여 모양을 빚어 만드는 물편이 그것이다. 또 떡가루로 찹쌀을 쓰는지, 멥쌀을 쓰는지에 따라 이름을 달리 부르기도 한다. 그런가 하면 각 지방마다 그 지방에서 특별히 많이 나는 산물을 써서 만든 그 지방만의 고유한 떡이 있다.

시루떡

한자로 증병(甑餠)이라고 쓰는 시루떡은 시루에 찌는 떡이라고 해서 붙여진 이름이다. 찹쌀로 찌면 찰시루떡, 멥쌀로 찌면 메시루떡이고 때로는 고물로 팥말고도 콩, 검정깨, 수수 들이 쓰이기도 한다. 그런가 하면 고물 없이 쌀가루로만 또는 고물이 들어가더라도 켜 없이 쌀가루와 고물을 한꺼번에 섞어 찌는 '무리떡'이 있다.

무리떡 무리떡에는 아무 것도 섞지 않고 쌀가루로만 쪄내는 백설기(흰무리떡)가 있고, 부재료로 무엇이 들어가느냐에 따라 꿀을 넣어 만드는 꿀설기, 콩을 섞어 찌는 콩설기, 쑥을 넣어 만드는 쑥설기(쑥버무리) 등이 있다. 한편 멥쌀가루에 밤이나 대추, 적당히 마른 곶감, 때에 따라 설탕에 조린 청매나 귤을 섞어 찌는 잡과병이라는 떡이 있으니 여러 과일이 어우러져 내는 맛과 향이 일품이다.

백설기는 아이의 돌이나 생일 잔치 때에 상에 오르는, 아무 것도 섞이지 않은 떡이다. 마을에 따라서는 부락제를 지낼 때에 백설기를 가지고 제사를 지내는 곳도 있다.

백설기는 시루떡 중에서도 가장 만들기가 간단하고 또 기본이 되는 떡이다. 먼저 소금으로 심심하게 간을 한 멥쌀가루와 멥쌀가루의 십분의 일이면 적당한 설탕과 뜨거운 물을 준비한다. 멥쌀가루에 뜨거운 설탕물을 고루고루 뿌리면서 손으로 얼른 뒤섞어 스며들게 한 뒤에 발이 고운 체에 내린다. 이것을 '설탕물을 내린다'고 말하는데, 멥쌀은 쌀가루를 빻을 때 물을 내려야 찹쌀처럼 차져서 떡이 부서지지 않는다. 또 가루가 더 고와서 생김새가 얌전하고 맛이 좋은 떡이 된다. 그런 후 젖은 베보자기를 덮어 시루에 안쳐 찐다. 이삼십 분쯤 지나 꼬챙이로 찔러 보아 가루가 묻어나오지 않으면 거지반 익은 것이니 불을 끄고 뜸을 들인다.

쑥버무리는 이른 봄에 새로 돋아나는 어린 쑥을 뜯어서 날것 그대로 멥쌀가루에 훌훌 섞어서 찌는 떡이다. 먼저 멥쌀을 씻어 물에 담가 놓고 준비한 쑥을 깨끗이 다듬어 씻는다. 쑥은 잎이 여리고 자잘하므로 조심해서 다루어야 한다. 멥쌀을 서너 시간쯤 물에 담가 불면 건져서 곱게 가루를 낸다. 쌀이 보통 다섯 컵이면 가는 꽃소금을 한 큰술 넣어 빻아서 쪄야 간이 맞는다고 하나 쑥 다듬은 것을 두 컵(대접으로 하나 수북하게)쯤 집어넣으면 좀 싱거워지므로 두 큰술 조금 못 되게 넣어야 간이 제대로 맞는다. 단맛을 내고 싶거든 설탕을 한 컵 반이 좀 안 되게 넣으면 된다. 그런데 백설기는 쌀에 끈기가 없고 메져서 쪄도 부서지기 쉬우므로 촉촉할 만큼 물을 조금 뿌려야 하나 쑥버무리는 쑥이 들어감으로 해서 떡이 더 질겨지니 물을 따로 내리지 않아도 된다. 찌는 법은 백설기와 마찬가지로 시루에 안쳐 찐다.

시루에 쪄내는 떡으로 특별한 것이 있는데 바로 약식이다. 약식은 가루를 내는 것도 아니고 켜를 만들지도 않지만 무리떡과 하는 법이 비슷하다. 통찹쌀을 충분히 불린 뒤에 시루에 넣어 찹쌀을 무르게 찐 다음 흑설탕, 참기름, 간장, 꿀을 넣어 색도 내고 맛도 내게 섞어 둔다. 여러 시간 지나 물기가 스며들면 젖은 보를 깔고 쪄낸다. 밤과 대추는 꼭 들어가야 하는 재료이다. 약식의 원료는 설탕을 태워서 넣는 것인데 사지 않고 집에서 만들면 된다. 약식은 지금도 집에서 잘 해먹는 음식에 들며 압력솥이나 전자레인지를 이용해서 짧은 시간 안에 쉽게 만드는 법도 개발되어 있다.

시루켜떡 한편 시루떡에는 찰시루떡과 메시루떡이 있다. 흔히 멥쌀가루로 찌는 떡이라고 하더라도 쌀가루에 물을 주어 톡톡하게 하면 차지게 되는데, 옛날 궁중에서는 아예 찹쌀을 섞어서 빻아 쓰기도 했다. 요새 사람들이 밥을 지을 때에 차진 맛을 주려고 찹쌀을 조금 섞는 것이나 마찬가지 이치이다. 고물로는 붉은팥, 푸른팥을 주로 쓰는데 붉은팥은 고시떡에, 푸른팥은 제사떡이나 잔치떡에 쓴다

특히 붉은팥고물시루떡은 시월 상달에 집안이 모두 편안하기를 기원하거나 혹은 한 마을의 조상신이나 수호신에게 그 마을 사람이 병이 없고 평안하며 풍년을 맞기를 비는 동신제라는 제사 때에 해먹던 우리의 오랜 풍습이 깃든 떡이다. 이 때의 시루떡은 한 켜의 두께를 두껍게 하는데, 크고작은 시루를 여러 개 쪄서 대청이나 우물가, 광, 부엌 같은 곳에 시루째 놓고 고사를 지낸다.

그런가 하면 시루떡에 무나 호박 따위를 썰어 넣어 찌기도 한다. 추석 무렵 잘 해먹는 물호박떡은 청둥호박을 말리지 않고 그대로 속을 파낸 뒤에 껍질을 벗겨 썰어서 멥쌀가루에 섞은 것을 거피팥고물과 켜켜로 안쳐 찌는 소박한 시루떡이다. 청둥호박이 노랗게 익으면 카로틴이 많아져서 몸 안에서 비타민 에이로 대체되므로 매우 이로운 식품이다. 물호박떡은 멥쌀가루에 물기가 많은 물호박을 섞어 찌는 것이므로 저분저분하여 먹기 좋으나 켜가 고르게 되지 않기 때문에 편틀에 괴어 담기보다 소박하게 그대로 담고 숟갈로 퍼먹어도 좋다. 그런데 호박 껍질을 사오 밀리미터 두께로 허리띠처럼 길게 켜서 말렸다가 잘게 썰어서 물에 불린 다음에 찹쌀가루에 섞어 고물 없이 시루에 찌면 호박고지시루떡이 된다.

고물로 쓰이는 재료에 따라 떡 이름이 달라진다는 말은 이미 했다. 이를테면 멥쌀가루에 느티잎 싹을 한데 섞어 켜마다 거피팥고물을 뿌려 찌면 느티떡이요, 날무를 썰어 소금에 살짝 절였다가 물기를 꽉 짜내고 멥쌀가루에 섞어 붉은팥고물을 켜마다 뿌려 찌면 바로 무팥시루떡이 된다. 또 상치를 호박처럼 섞으면 상치떡이 된다.

시루에 안치는 켜떡 중에 고물을 얹지 않고 안치는 떡으로 각색편이 있다. 잔치 때 고임상에 올라가던 것으로 밤, 대추, 석이버섯채를 뿌려 예쁘게 장식한다. 기름 바른 한지를 켜로 하여 쪄낸 다음 종이를 떼면 된다.

멥쌀가루는 잘 부서지므로 설탕물을 주어 물을 내려야 하고 색이

나 향을 넣어 승검초편, 꿀편, 백편의 삼 색으로 한다. 요즈음은 시루보다는 만두를 찌는 통에 한 가지씩 안쳐 큰 찜통에 넣어 쪄낸다.

물편

시루떡 아닌 떡은 대부분 물편에 들어간다. 절구에 쳐서 하는 떡으로는 절편, 개피떡, 인절미, 단자가 대표적이고, 모양을 빚어 찌는 떡으로는 송편이 있으며, 물에 삶는 떡으로는 경단, 기름에 지지는 떡으로는 화전, 주악, 부꾸미가 있다. 그 밖에 특별한 방법의 떡으로 증편, 두텁떡을 들 수 있는데 증편은 막걸리를 이스트 삼아 부풀려 찐 떡이고 두텁떡은 작은 보시기 크기로 하나씩 떠낼 수 있도록 소복소복 안친 떡이다.

절편 절편은 물편의 기본이 되는 떡으로 설날에 해먹는 흰떡을 쳐서 잘라낸 떡이라는 뜻이다. 흰떡을 떡판에 놓고 굵게 비빈 다음, 손을 세워 아래 위로 움직이면서 오 센티미터쯤의 길이로 꼬리가 달리도록 새끼손가락으로 자른다. 가운데에는 세 가지 색으로 물들인 떡을 콩알만하게 떼어 얹고 떡살을 박아 눌러 납작하게 하면서 동시에 무늬가 새겨지도록 한다. 이것을 특히 꽃절편이라고 부르며 흔히 절편의 웃기떡으로 쓴다. 쑥을 넣어 빚으면 쑥절편, 송기를 넣으면 송기절편이 된다. 물들인 떡으로 빚은 모양에 따라 이름을 달리 부르기도 하니, 둥그렇게 빚으면 달떡, 용의 생김새를 본뜨면 용떡, 새나 꽃을 본뜨면 색떡, 고치를 본떠 빚으면 고치떡이라고 부른다. 절편은 지방마다 부르는 이름이 틀리기도 한데, 제주도에서는 반달 모양으로 만들어 반달떡 곧 반착곤떡이라고 부르며 강원도 백존 마을에서는 절떡, 함경도에서는 달떡이라고 부르기도 한다. 상에 낼 때는 떡이 서로 들러붙지 않도록 참기름을 발라 나무그릇(되도록 함지박)에 담아 내고 꿀을 곁들인다.

개피떡 떡자락으로 뚜껑을 덮은 생김새를 한 개피떡은 바람떡이라고도 하는데 한 입 베어물면 바람이 후루룩 빠져서 그렇게 이름이 붙었다. 그냥 흰 절편만으로 만들기도 하나 쑥을 삶아 한데 섞어 절구에 짓찧어 비취빛이 나게 하기도 하고 송기(소나무 속껍질을 삶아 찧어 솜처럼 피운 것으로 분홍빛이 나는데 요새는 구하기가 어려우므로 식용 색소를 대신해서 쓴다)를 넣고 절구에 쳐서 분홍 빛깔을 내기도 한다. 보기에 통통한 것이 팥소와 함께 바람이 꽉 차 있어서 예쁜 모양새를 낸다. 작은 보시기나 종지로 눌러 찍는데 갸름한 초승달처럼 하여 두 개를 붙이면 쌍개피떡, 셋을 붙이면 셋붙이떡이 된다. 쑥이 나는 이른 봄에 곧잘 해먹는 떡이다.

인절미 인절미는 한자로 인절병(引絶餠)이라고 하는데 차진 떡이라 잡아당겨 끊는다는 뜻에서 붙여졌다. 여느 떡처럼 찹쌀을 가루내어 하지 않고 밥처럼 쪄서 떡메로 치거나 절구에 넣어 찧어 만드는 것이 특징이다. 인절미를 만들려면 먼저 질 좋은 찹쌀을 씻어 하루저녁 충분히 불린 다음에 일어 건져서 물기를 빼고, 찜통에 베보자기를 깔고 찐다. 중간에 김이 잘 오르거든 물 반 컵에 소금 두 큰술을 타서 밥 위에 훌훌 뿌리면서 나무주걱으로 위아래를 뒤섞어 간이 고루 배도록 하고서 다시 찐다. 다 쪄졌으면 뜨거울 때 절구에 쏟아 붓고 절구공이에 소금물을 묻혀 가며 밥알이 다 뭉그러져 형태가 보이지 않을 만큼 매우 친다. 떡메로 기운차게 치면 더 쫄깃쫄깃하다. 떡을 물 묻힌 손으로 떼내어 일 센티미터 두께로 판판하게 다듬은 다음, 한입 크기로 네모지게 썰어 고물을 묻힌다. 겨울철에는 고물을 묻히지 않고 썬 채로 그대로 굳혀 두었다가 석쇠에 얹어 굽거나 기름에 지져 조청을 찍어 먹어도 별미가 된다. 인절미 또한 떡에 같이 넣어 치는 것에 따라 대추인절미, 석이인절미, 쑥인절미라고 이름을 달리 부른다. 인절미의 종류에 따라 서로 잘 어울리는 고물이 다르다. 아무 것도 섞지 않은 흰인절미에는 붉은팥고물이나 거피팥고물, 노란 콩가루, 파란 콩가루, 흰깨고물, 검정깨고물 등 어느 것이나 다 좋지만, 쑥인절미에는 거피팥고물, 노란 콩가루, 파란 콩가루를 묻혀 세 가지 색을 내고, 대추인절미에는 노란 콩가루, 석이인절미에는 잣가루나 실깨고물을 묻혀야 가장 좋은 맛을 낸다. 차조를 가루내어 쪄서 빚는 차조인절미는 대개 콩가루나 거피팥고물을 입히는데 연한 것이 맛 좋기로 이름나 있다.

송편 송편은 추석 음식의 대표이다. 옛날에는 한가위 둥근 달 아래 온 식구가 모여 앉아 송편을 빚고, 한켠에선 솥을 걸어 온 방안에 솔내음을 풍기며 떡을 쪄내는 풍경이 추수를 끝내고 모처럼 풍요로워진 농촌의 모습이었다. 어느 지방에서나 잘 만드는 떡으로 크기는 서울이 가장 작고, 황해도, 경상도, 강원도는 크게 빚는다. 모양 또한 지방마다 특징이 있으니, 서울은 작은 조개 모양이 나게 빚고, 강원도와 황해도는 손으로 꽉 눌러 손가락 자국을 내어 만두처럼 만들고, 원산 지방은 뒤를 눌러 빚는다. 아기 돌상에 백설기와 수수팥단지와 함께 올리기도 하는데, 여기에는 아기의 머리가 송편 속을 채운 소처럼 꽉 차 현철하게 성장하기를 비는 마음이 담겨 있다. 가장 먼저 거두는 햅쌀로 빚은 송편을 오려송편이라 하여 조상께 올리는 차례상과 묘소에 바친다. 옛날에는 송편을 예쁘게 빚을 줄 알아야 시집가서 예쁜 아기를 낳는다며 혼인줄에 든 처녀들에게 어른들이 이르곤 하였다. 추석을 앞두고 여러 날 전 연한 솔잎을 뜯어 깨끗이 손질해 두었다가 갈피갈피 놓아 찌면 송편에 솔잎 자국이 나고 은은한 솔 내음이 풍겨 쫄깃쫄깃한 멥쌀 떡맛과 각색으로 넣은 소의 맛이 한데 어울려 명실공히 한국 떡의 맛을 대표한다. 경상도 지방에서는 쑥 대신에 모시잎을 삶아 넣어 빛깔을 낸 모시잎송편을 빚기도 한다. 또 감자가 많이 나는 강원도 지방에서는 하지에 거두어 두었던 감자를 갈아 녹말가루를 내어서 끓는 물로 익반죽하여 치대어 송편 빚듯이 빚고 소를 넣어 쪄낸 감자송편을 만들기도 한다.

단자 단자는 찐 떡을 모양 내어 고물을 묻히는 떡이다. 인절미는 큼직하게 만들고 경단은 통찹쌀을 쪄서 치지만 단자는 가루를 찐 다음 치는 것이 다르다. 단자는 궁중에서나 대갓집에서 많이 해먹었다.

단자는 찹쌀가루에 쑥이나 은행, 석이버섯, 대추 같은 부재료가 들어가고 반죽도 부슬부슬할 만큼 한다. 이것을 쪄서 꽈리가 일도록 친 다음에 떡판에 놓고 긴 원통 모양으로 만든다. 손바닥에 조금씩 떼어 펴서 가운데에 소를 박고 둥글게 접어 고물을 묻히면 단자가 만들어진다. 대체로 쑥구리단자에는 팥고물을, 석이단자에는 잣가루를, 대추단자에는 채 썬 대추와 밤을 묻힌다.

경단 단자보다 만드는 방법이 간단한 경단은 찹쌀가루를 익반죽하여 큰 밤톨만큼씩 둥글게 만들어 끓는 물에 삶아 건진 다음, 노란 콩가루, 파란 콩가루, 거피팥 같은 고물을 묻힌 떡이다. 물에 삶아낸 것이라 말랑말랑하여 먹기가 좋고, 따뜻한 잎차를 곁들이면 더 좋다.

찹쌀가루 대신 찰수숫가루를 쓰고 붉은팥고물을 묻힌 수수경단은 아기의 백일이나 돌에 액막이를 한다는 뜻에서 만들기도 한다.

화전 물에 삶거나 찌거나 절구에 치는 것이 아니라 기름에 전 부치듯이 부치는 떡에 화전, 주악,부꾸미가 있다.

화전은 삼월 삼짇날 해먹는 절식으로 꽃을 붙여 부친 부꾸미이다. 흔히 이른 봄에 피는 진달래꽃을 많이 써서, '화전'하면 진달래화전을 연상한다. 경상도 지방에서는 참꽃지지미라고 부르기도 한다. 여름에는 노란 장미 꽃잎을, 가을에는 국화나 맨드라미 꽃잎을 붙이기도 하는데, 꽃을 구하기 어려운 때에는 대추로 수놓고, 쑥갓으로 잎을 붙여 모양을 내기도 한다. 화전놀이라는 것이 있다. 원래 들과 산에 나가서 즐기던 풍류로, 한 접시의 화전을 놓고 약주잔에 진달래 꽃잎 하나 띄워 도도한 기분을 즐기던 조상들의 멋이었다. 또 창덕궁에서는 비원에 진달래가 피면 왕비가 몸소 참가하여 진달래꽃을 따서 꽃술을 뽑고 화전을 부치며 봄을 즐겼다고 한다. 경상남도 통영 지방에서는 꽃을 많이 넣고 큼직하게 화전을 지지는데 서울의 앙증맞은 화전에 견주어 더 푸짐한 느낌을 주며, 손으로 뜯어먹는 것이 더 맛나 보이기도 한다.

부꾸미 부꾸미는 찹쌀, 차수수, 밀가루 또는 녹두를 물에 불렸다가 갈아서 전병처럼 기름에 지지면서 소를 가운데에 넣어 반달로 접은 떡이다. 옛날에는 소로 밤고물 대신에 여름이면 오이나 애호박을 채썰어 잠깐 절였다가 꼭 짜서 볶은 것이나 쇠고기를 다져 볶은 것을 넣기도 했다. 진달래화전이나 단자처럼 웃기떡으로 쓰이지는 않으나 그 모양이 몹시 맵시를 부린 새댁 같다. 반달로 빚어 그 끝자락에 파란 쑥갓잎과 대추조각을 꽃처럼 수놓았으니 앙증맞고도 아름답게 보여 누구나 하나씩 먹고 싶은 마음이 든다.

주악 주악은 마치 조약돌처럼 생겼다 해서 붙은 이름이며, 궁중에서는 조악이라 불리었다고 한다. 순찹쌀가루 반죽에 대추, 깨, 유자 다진 것을 넣고 작은 송편 모양으로 빚어 기름에 튀겨낸다. 개성의 주악이 유명한데 우선 크게 만들어서 이름이 나기도 했으려니와, 그릇에 담을 때에는 한가운데에 대추쪽이나 통잣을 하나씩 박아 멋을 부린 것이 특징이다. 서울에서는 작은 만두처럼 만드는데 이것을 기름에 튀기면 반달 모양이 된다. 상에 낼 때에는 계핏가루를 탄 꿀에 잠깐 담갔다가 건져 접시에 놓는다. 물들이는 색에 따라 청주악, 황주악이라고 달리 부른다.

상화병 지금은 말조차 없어졌지만 상화병을 찐빵으로 본다면 이해가 갈 것이다. 밀가루에 술을 넣고 부풀린 다음 팥소를 넣어 폭신하게 찐 밀가루떡도 옛날에는 귀한 음식이었다. 서리 상(霜)자에 꽃 화(花)자를 쓴 것은 뽀얗게 부풀어진 상태를 이름으로 지은 것이다.

증편 송편이 가을 떡이라면 증편은 여름 떡이다. 술떡, 기주떡, 기주병 같은 딴 이름으로 불리기도 하는 증편은 막걸리를 이스트 삼아 부풀려 찐 떡으로 자디잔 구멍이 송송 나 있어 보드랍고 구수하다. 설핏설핏 혀 끝에 감겨오는 술맛에 코끝이 간지럽고 살짝 달짝지근한 맛이 설탕의 단맛과는 전혀 다르다. 술을 넣어 발효시킨 것이라서 쉬 상하거나 쉴 염려가 없다. 그래서 여름에 잘 만든다. 180 년 전에 빙허각 이씨 부인이 쓴 「규합총서」에는 증편 만드는 법이 아주 자세하게 설명되어 있다. 막걸리를 조금 탄 더운 물에 멥쌀가루를 지직하게 반죽하여 더운 방에 밤새 두었다가 부풀어 오르면 틀에 담아 붓고 고명으로 채썬 대추와 석이버섯을 고루 뿌려 쪄낸다. 한여름에 피는 맨드라미 꽃잎을 드문드문 뿌리기도 하고 수저로 뚝뚝 떠놓아 찐빵처럼 쪄내는 방법도 있다. 요사이는 막걸리 대신에 이스트나 엿기름물을 쓰기도 하는데 부풀어 오르기야 마찬가지이지만 술맛이 나지 않아 맛이 덜하다.

두텁떡 두텁떡은 본디 이름이 봉우리떡으로 한자로는 후병(厚餠)이라고 쓴다. 보통 시루떡처럼 고물과 떡가루를 평평하게 안치지 않고 떡의 모양을 작은 보시기 크기로 하나씩 떠낼 수 있도록 소복소복 안치므로 그렇게 이름이 붙었다. 원래 궁중에서 전해 내려온 떡이라서 가정집의 떡과는 만드는 법이 다르고 재료도 다르다. 기록을 보면 두텁떡은 찹쌀, 거피팥, 꿀, 밤, 대추, 후춧가루, 계핏가루 들을 재료로 쓴다. 찹쌀가루는 소금 대신 진간장으로 간을 하여 연한 갈색을 띠도록 만들고 잣과 다진 유자를 꿀에 절였다가 넣는다. 거피팥고물도 그냥 쓰지 않고 솥에서 슬쩍 볶아 보슬보슬하게 만들어 쓰므로 맛과 향이 한층 뛰어나다.

각도 별미떡

떡은 옛날부터 양반이건 상민이건, 전라도이건 황해도이건 가릴 것 없이 어디에서나 누구나 즐겨 먹는 음식이었다. 궁중에서 해먹는 떡이라도 두텁떡이나 단자 같은 몇 가지를 빼고는 곧바로 민가에 전승되어, 온 백성이 다 만들 줄 알았다. 지방에 따라서는 떡의 생김새가 다르거나 소로 박는 재료가 좀 별나기도 하지만 대체로 온 나라에 공통되었다. 다만 그 지방에서 특별히 많이 나는 산물을 써서 만든 떡이나 집안 대대로 전해 내려오는 떡이 그 지방의 고유한 떡으로 자리잡은 것도 있다. 이제 각 도마다에 특징있는 떡이 무엇인지 알아보기로 하자.

경기도 경기도는 서울을 둘러싸고 있고 서쪽으로는 바다가, 동쪽으로는 산이 접하고 있어 산물이 풍부한 땅이다. 옛날부터 음식 맛이 좋기로 이름난 고장이어서 떡 종류가 많을 뿐만 아니라 모양에도 꽤 멋을 낸다. 특히 개성 지방은 유난히 화려한 떡이 많이 있다.

경기도의 특징있는 떡으로는 흰 절편에 노랑, 파랑, 분홍 물을 들여 주로 혼례상이나 잔칫상 떡 위에 웃기로 얹는 색떡이 있고, 여주 지방에서 잘 만드는, 개피떡을 응용한 여주산병, 개성 지방의 별미인 개성우메기와 개성경단, 강화 지방에서 찹쌀가루와 멥쌀가루를 반반씩 섞은 떡가루에 근대를 뚝뚝 썰어 넣고 시루에 설기떡으로 찌는 근대떡, 수수로 해먹는 수수도가니와 수수지지미(부꾸미), 보릿가루를 파, 간장, 참기름으로 반죽하여 절구에 찧어 솥에 겅그레를 놓고 쪄먹는 개떡 들이 있다.

충청도 산으로 둘러싸인 충청북도와 바다를 끼고 있는 충청남도는 생산물이 조금 틀리나 둘 다 곡식은 풍부하게 난다. 시골의 맛이 나는 구수한 떡도 있고 양반 떡도 많이 만들 줄 안다. 특별한 뜻을 지닌 재미있는 떡도 있다.

만드는 법이 꽃절편과 비슷하나 속에 팥고물을 넣은 꽃산병, 밤, 콩, 대추, 팥, 감 들을 섞어 찐 시루떡인 쇠머리떡, 약편, 붉은팥고물을 두둑하게 묻힌 손바닥만한 큰 인절미로, 술국을 먹을 때 함께 먹으면 속이 든든하다고 하는 해장떡, 막편, 지치기름에 지져 색이 붉어 곱다고 해서 이름지어진 곤떡, 향긋한 쑥 내음으로 봄이 온 것을 알리는 볍씨쑥버무리, 수수팥떡, 감자떡, 감자송편, 칡전분에 소금 간을 하여 말랑말랑하게 반죽해서 찐 칡개떡, 햇보릿가루를 반죽하여 절구에 찧어 반대기를 빚어 쪄낸 햇보리개떡, 도토리떡 들이 충청도에서 잘 해먹는 떡들이다.

강원도 강원도는 동쪽으로는 바다와, 서쪽으로는 태백의 깊은 산과 닿아 있어 다양한 식생활을 하고 있다. 음식은 서울과 같이 사치스럽지 않고 소박하다. 쌀보다는 주로 잡곡 곧 강냉이, 메밀, 감자가 많이 나고, 산에서 나는 도토리, 상수리, 칡뿌리 들을 식생활에 이용한다.

따라서 쌀떡보다는 잡곡으로 만드는 떡이 많고 맛과 생김새가 비교적 소박하다. 그런데 영동 지방과 영서 지방이 서로 조금 차이가 난다. 영동 지방에서는 송편을 가장 많이 만들고 그 다음으로 시루떡을 많이 만든다. 큰일을 치를 때에는 절편과 인절미를 주로 만들고 흰떡은 별로 만들지 않으며 개피떡이 보편화되어 있다. 한편 화전마을이 많은 영서 지방에서는 메밀, 옥수수, 조, 수수, 감자 따위로 만드는 떡이 많다. 강원도에서는 절편을 큰떡이라고 부르는데 큰일, 예를 들어 혼례식 때 신랑집에서 신부집에 이 떡을 해 보내는 데에서 그런 이름이 붙은 것 같다. 찰떡은 흔히 인절미를 말하며 경단과 주악은 제례 때 제편의 웃기로 조금 한다.

감자를 써서 만드는 떡만 해도 감자시루떡, 강남콩을 섞어 쪄먹는 감자떡, 감자녹말송편, 감자경단 들이 있고, 옥수수로 옥수수설기나 옥수수보리개떡을 해먹으며, 떡보다는 부침개에 가까와 보이는 메밀전병, 어린 댑싸리잎을 멥쌀가루에 섞어 쪄내는 댑싸리떡, 메밀의 싹을 쌀가루에 섞어 쪄먹는 들큰하고 쫀득한 맛이 나는 메싹떡, 팥소를 넣은 흑임자 인절미, 각색 차조인절미, 송편 속에 무생채를 넣어 빚은 무송편, 강릉 지방에서 해먹는 증편인 방울증편 들이 강원도 떡을 대표한다.

전라도 전라도는 나라 안에서 가장 곡식이 많이 나는 고장답게 떡의 가짓수도 가장 많다. 그만큼 식생활이 윤택하여 구가나 반가의 명문댁에서는 아낙네들의 음식 솜씨가 각별하고, 떡을 만들더라도 사치스럽게 모양을 내는 것이 특징이다.

감을 써서 만드는 떡이 많으니 감시리떡, 감고지떡, 감인절미, 감단자 들이 그것이다. 무를 얇게 저며서 소금물에 담갔다 꺼낸 것을 쌀가루에 굴려 쌀가루와 켜켜로 안쳐 찌는 나복병, 호박메시리떡, 복령가루를 섞어 시루에 찐 복령떡, 수리치의 잎사귀를 떡가루에 섞어 무리떡으로 찌는 수리치떡, 소나무의 속껍질을 가루내어 쓰는 송피떡, 누에를 칠 때 마지막 잠을 깨워 잠방에 올려서 고치짓기를 기다리면서 만드는 고치떡, 들쩍지근한 삘기를 훑어 송편빈죽에 넣어 찧어서 쓰는 삐삐떡(삘기송편), 호박고지차시루편, 경단, 부꾸미의 한 가지인 우찌지, 차조기잎을 썰어 찹쌀가루에 섞어 반죽한 것을 번철에 지져낸 차조기떡, 익산 지방에서 잘 해먹는 섭전들이 대표적인 떡이다.

경상도 경상도는 각기 제 고장에서 주로 나는 재료를 가지고 떡을 한다. 이를테면 상주, 문경 지역에서는 밤, 대추, 감과 같은 과실류가 많이 나서 이것들을 이용한 별미떡을 많이 해먹는다. 경주 지역에서는 제사편으로 본편, 잔편을 포함하여 떡 열다섯 가지를 고이는데 본편은 물을 내려서 각색고물, 거피팥고물, 녹두고물을 얹어 떡을 찌는 점이 재래의 편떡과 같다. 잔편에는 주악, 단자류, 잡과편들이 든다. 모시풀을 섞어 만든 송편이 이 고장의 특징이다. 감이 많이 나는 상주 지방에서는 건시를 많이 하고 홍시를 떡가루에 섞어 설기떡, 편떡 들을 한다. 밀양 지역에서는 쑥구리단자를 잘 만들고 경단에 곶감채를 붙이는 것이 특이하다. 마천에서는 감자가 많이 생산되어 감자송편을 만들고, 거창에서는 송편을 찔 때 솔잎을 깔지 않고 만개잎(멍개잎)을 깔아 찐다.

경상도 떡으로는 모시잎송편, 밀가루떡인 개떡 모양의 밀비지, 밤과 대추와 콩과 팥을 섞어 시루에 찌는 만경떡, 쑥굴레, 찹쌀가루 반죽한 것을 동그랗게 만들어서 대추채를 묻혀 꿀에 재어 먹는 잡과편, 찹쌀가루를 반죽하여 꿀에 잰 깨와 밤고물을 속에 박은 것을 물에 삶아 건져서 잣가루에 굴린 잣구리, 밀양 지방에서 각색편의 웃기로 쓰는 부편, 감자송편, 칡녹말로 만드는 칡떡 들이 있다.

제주도 제주도는 섬이라 쌀보다 잡곡이 흔하여 떡도 메밀, 조, 보리, 고구마로 만드는 것이 많다. 다른 지방에 견주어 떡 종류가 적은 편이고 쌀로 만드는 떡은 명절이나 제사 때만 한다. 또 고구마를

감제라 부르며 고구마전분을 가지고 떡을 만드는 것이 특이하다.

절편을 반달 모양으로 만든 반착곤떡, 둥글게 만든 달떡이 있고, 정월 대보름날 한 마을 사람들이 쌀을 모아 빻아 한 사람분씩 가루를 안치고 켜마다 이름을 써 넣어 시루에 쪄서 그 해의 운을 점치는 도돔떡, 차조를 가지고 만드는 차좁쌀떡과 좁쌀시루떡, 오매기떡, 메밀가루나 좁쌀가루로 빚는 경단인 돌래떡, 속떡이라 부르는 쑥떡, 메밀가루로 만드는 메밀부꾸미인 빙떡, 고구마를 쪄서 말린 빼대기를 넣어 만든 빼대기떡, 밀가루에 술을 넣어 부풀려 찐빵처럼 쪄서 만드는 상애떡 들이 제주도 떡을 대표한다.

황해도 황해도는 나라 안에서 전라도와 비슷하게 드넓은 곡창지대를 가지고 있어 쌀과 잡곡이 모두 풍부하며 인심도 좋다고 한다. 특히 이곳의 메조는 알이 굵고 차져서 남쪽에서 보리를 많이 먹듯 조를 즐겨 먹는다. 잡곡떡이나 쌀떡이나 종류가 여러 가지인데 생김새가 사치스럽지 않고 수더분하며 구수한 떡이 많다. 황해도 사람들이 잘 해먹는 떡으로는 이런 것들이 있다. 차진 멥쌀을 써서 녹두고물과 깨고물을 켜마다 안쳐 찌는 잔치메시루떡, 가을 별미인 무설기떡, 인절미 속에 붉은팥고물을 넣어 콩가루를 묻힌 오쟁이떡, 서울 송편 크기의 다섯 곱절쯤 되는 큰송편, 혼인에 사돈댁으로 보내는 안반 만하게 큰 혼인(연안)인절미, 혼인절편, 수리치인절미, 증편과 마찬가지인 징편, 찹쌀에 멥쌀을 조금 섞어 빚은 경단을 꿀물에 담가 먹는 꿀물경

오매기떡/제주도 지방의 특별한 좁쌀떡으로 가운데 구멍을 내고 콩고물을 묻힌다.

단, 잔치떡의 장식으로 만드는 우기, 부꾸미의 한 가지인 찹쌀부치기와 잡곡부치기, 차수수로 빚은 경단인 수수무살이, 차조로 인절미를 만든 데다 소로 팥고물을 넣고 콩가루를 묻힌 좁쌀떡, 닭알범벅들이다.

평안도 평안도 지방은 기후가 춥고 산세가 급하며 서쪽이 바다와 만나고 있어 곡식이 대체로 잘 되는 지방이다. 보리보다는 조를 더 많이 생산한다. 이 고장의 떡은 매우 큼직하고 소담스럽게 만드는 것이 특징이다. 이름이 재미난 것도 여럿 있다.

송기떡, 빨강, 노랑, 파랑 물을 들인 절편으로 아기 돌 잔치 때에 빚는 골미떡, 조개송편, 경단의 한 가지인 장떡, 뽕잎을 맞붙여 송편을 쩌내는 뽕떡, 여러 색으로 물들인 쌀가루를 켜켜로 안쳐 찐 시루떡인 무지개떡, 팥고물을 묻힌 경단인 니도래미, 녹두고물 소를 넣어 반달 모양으로 부치고 밤, 대추, 석이채를 몸에 붙인 찰부꾸미, 찰기장과 차수수가 재료인 노티 들이 평안도의 대표적인 떡이라고 할 수 있다.

함경도 함경도는 우리나라에서 기온이 가장 낮은 고장이다. 벼농사를 짓는 곳이 적은 반면에 밭농사가 풍족하여 콩, 조, 강냉이, 수수, 피가 품질이 좋다. 특히 메조나 메수수가 남쪽에서 난 것보다 훨씬 차져서 떡을 하기에 아주 좋다. 떡에 맵시를 부리는 일이 드물어서 매우 소박하고 구수하게 만든다. 고물을 미리 묻히지 않고 먹을 때 묻혀 먹는 찰떡인절미, 혼례상에 상 고일 때 놋동이에 돌려 여러 켜 담고 위에 꽃을 꽂는 달떡, 멥쌀로 만든 경단이되 팥을 버무린 오그랑떡, 부꾸미 하듯이 만드는 찹쌀구이, 괴명떡, 오래 되어도 굳거나 맛이 변하지 않아 먼 길을 갈 때에 밥 대신에 먹던 곱장떡, 언 감자를 가루내어 빚은 송편인 언감자떡 들이 함경도 떡을 대표한다.

한과

떡과 마찬가지로 한과는 한국 음식의 구성으로 보아 완전히 독립된 분야에 든다. 주로 식사를 마치고 후식으로 먹는 한과는 차나 화채를 곁들이는 수가 많다. 역시 여러 가지 통과 의례, 곧 생일이나 혼례나 제사 때에 상에 단골로 오르는 귀한 음식이다.

한과를 통틀어 한자로 만들 조(造)자를 써서 조과라 하는데 이 말은 생과에 견주어 부르는 이름이다. 곧 여러 가지 방법으로 가공하여 만드는 과자라는 뜻이다.

과자의 쓰임새

과자는 설이나 추석 같은 명절에 차례상 위에 고이기 위해 미리 만들어 둔다. 과자는 잘 변하지 않는 것이므로 넉넉히 만들어 두고서 세배하고 가는 아이들에게 세배값으로 싸 주기도 한다. 또 혼례 때의 이바지음식으로도 대표적인 것이다. 우리 음식 가운데 가장 손이 많이 가고 정성이 깃들어 있으며 솜씨를 부리는 것이 한과라고 할 수 있다.

한과의 종류

한과는 만드는 법이나 쓰는 재료에 따라 크게 강정류,유밀과류, 숙실과류, 과편류, 다식류, 정과류, 엿강정류 들로 나눌 수 있다.

강정류

강정은 옛날부터 내려오는 과자 중에 으뜸이다. 지금도 그렇게 하는 집이 있기는 하나 옛날에는 신부집에서 혼인 잔치를 치르고 돌아가는 신랑의 후행 또는 상객에게 이바지음식으로 이 강정을 대로 엮은 석작이나 버들로 엮은 동구리에 가득 담아 보냈다. 신부집의 음식 솜씨와 정성을 담아 보내는 것이었다. 그러다가 새색시가 사흘 만에 시가로 신행을 가면 신랑집에서도 신부를 맞아 큰상을 차려 줌과 함께 역시 신부를 데리고 온 후행이 돌아가는 길에 강정을 비롯한 갖가지 음식을 석작이나 동구리에 담아 들려 보냈다. 요새처럼 이름도 모를 외국 과일이나 생선, 갈비 따위를 시장에서 사 보내는 것과는 비교가 안 되는 정성이 담긴 선물이었다.

강정은 고려 시대부터 널리 퍼진 것으로 추정된다. 강정에 얽힌 재미있는 놀이가 있다. 정월 세배상에 쓸 강정 바탕을 만들 때에, 종이에 관계 (정일품, 정이품 같은 계급)를 써 넣고 떡을 말려 강정을 만들어, 나중에 강정 속에서 누가 높은 품계의 종이가 나오는가를 보는 놀이가 있었다고 한다.

강정의 원 재료는 찹쌀이며, 고물로는 튀밥, 깨, 나락 튀긴 것, 승검초가루, 잣가루, 계핏가루 들이 쓰인다. 만드는 모양이나 고물에 따라 이름이 저마다 다르니, 네모난 것은 산자, 튀밥을 고물로 묻히면 튀밥산자나 튀밥강정이 되고, 밥풀을 부셔서 고운 가루로 만들어 묻히면 세반산자 또는 세반강정이라고 부른다. 누에고치처럼 둥글게 만들면 손가락강정, 바탕 부서진 것을 튀겨 모아서 모지게 만든

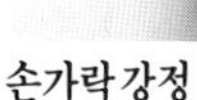
손가락강정

빙사과

것은 빙사과라고 한다. 또 나락 튀긴 것을 붙인 것은 매화강정이라고 한다. 강정 바탕을 만드는 방법은 이렇다.

찹쌀을 물에 오래 담가서 부옇게 골마지가 끼고 쌀이 뭉그러졌을 때에 건져내어 여러 번 씻어 곰팡이 냄새를 없앤 다음에 가루로 빻는다. 이 가루에 날콩물 약간과 소주를 넣고 버무려 고시레떡을 찐 뒤에 절구에 넣고 많이 쳐서 얇게 반대기를 만든다. 가는 실이 날 정도로 많이 쳐야 떡이 잘 부푼다. 이것을 역시 쓰임새에 따라 잘라 더운 방에서 이가 안 들어갈 만큼 딱딱하게 말린다. 지나치게 말리면 바삭 부서져 버리기 때문에 단지에 번가루와 같이 차곡차곡 담아 두고 써야 한다. 이처럼 잘 마른 바탕을 우선 미지근한 기름에서 불린 다음에 섭씨 150도쯤의 기름에 넣어 급히 익힌다. 숟가락으로 앞뒤를 눌러 펴면서 부풀어 올라 하얗게 펴지면 그만 건져내어 기름을 뺀 뒤에 담갔다가 고물을 묻힌다.

「규합총서」에 매화산자 만드는 법이 자세히 적혀 있다. 곧 고물로 묻히는 매화는 이렇게 만든다.

"제일 좋은 찰벼를 쾌 말리어 또 밤이면 이슬 맞히기를 사오 일 하여 술에 추겨(축여) 몸이 젖게 하여 그릇에 담아 밤을 재운다. 이튿날 솥에 불을 한편 싸게 하여 추긴(축인) 찰벼를 조금씩 넣고 주걱으로 저으면 튀어날 테니 채반으로 덮어 튀게 하여, 키로 까불어 겨 없이 하고 소반 위에 펴고 모양이 반듯하고 가운데 곧진 고운 것을 가릇에 종이 펴고 담는다. 큼직하게 만든 산자는 고일 때에 밑바탕으로 놓고 작은 강정은 위에 올린다."

유밀과류

밀가루를 주재료로 하고 기름과 꿀을 부재료로 하여 반죽하여 튀긴 과자를 유밀과라고 부른다. 모양과 크기에 따라 이름이 여럿이니 곧 대약과, 소약과, 모약과, 다식과, 만두과, 연약과는 약과의 종류이고 매작과, 차수과, 중배끼, 요화과, 산승과, 한과, 채소과 들은 밀가루를 반죽하여 모양을 여러 가지로 만들어 기름에 튀겨낸 것이다. 지금 해 보면 별 맛이 없지만 옛날에는 기름에 튀겨낸 밀가루 과자가 매우 특별한 음식이었다.

옛 기록을 보면 고려 충선왕의 세자가 원나라에 가서 연향을 베푸는데 고려에서 잘 만드는 약과를 만들어 대접하니 맛이 깜짝 놀랄 만큼 좋아 칭찬이 대단하였다는 글이 있다. 또 나라 안의 꿀과 참기름이 동이 날 만큼 유밀과류가 성행하여 국빈을 대접하는 연향 때 유밀과의 숫자를 제한하였다고 한다.

유밀과 중에서도 널리 알려진 것이 약과이다. 고려 왕조 때부터 최고의 과자로 치는데 그 유래는 불공의 소찬으로 발달한 것이다. 불교의 전성기이던 고려 시대에는 살생을 금하여 생선이나 고기류를 상에 올리는 것을 금했다. 따라서 유밀과가 중요한 제사 음식이 되었다.

흔히 고배상에는 대약과를 놓고 반과상이나 다과상에는 다식과와 매작과와 약과를 쓰며, 웃기로는 만두과를 얹는다. 중배끼는 크고 넙적하게 만든 것으로 고배상을 괴는데 쓰고 평소에는 잘 쓰지 않는다.

약과 약과는 밀가루에 참기름과 꿀과 술을 넣어 되직하게 반죽을 해서 약과판에 박아 모양을 낸다. 이것을 섭씨 150도쯤 되는 기름에서 타지 않고 속까지 익도록 좀 오래 지져 꺼낸다. 기름 온도가 너무 낮으면 그대로 풀어질 염려가 있고, 너무 높으면 속이 익기도 전에 겉이 다 타 버린다. 꺼내자마자 바로 조청에 담갔다가 잣가루를 뿌리고 그릇에 담는다. 꿀물이나 조청에 넣어 두어 속까지 맛이 배면 꺼낸다.

매작과 매작과는 매엽과라고도 부르는 과자로서 밀가루에 소금과 생강즙만으로 반죽하여 얇게 밀어 가운데 칼집을 넣고 뒤집어서 모양을 만들고 기름에 튀겨 꿀물을 묻힌다. 고소한 기름맛과 단맛이 나고 생강과 계피맛이 어울린 바삭바삭한 과자이다. 만들기가 쉽고, 잣가루를 뿌려 상에 올리면 다과상 접대에 부족함이 없는 귀한 과자이다.

차수과 차수과는 밀가루에 노랑, 파랑, 빨강색 물을 들여 얇게 밀어 칠팔 센티미터 길이와 이 센티미터 폭으로 썰어 반을 접어 끝을 남기고 칼집을 대여섯번 넣고 튀겨낸 과자이다.

숙실과류

숙실과는 이름 그대로 실과를 날로 안 쓰고 익혀 만든 과자이다. 그 중에서도 '초'라는 말이 들어가는 숙실과로 밤초와 대추초가 밤이나 대추를 제 모양대로 꿀에 넣어 조린 것을 이른다. 또 '란'이라는 말이 이름 끝에 붙는 숙실과는 실과를 삶거나 쪄서 으갠 것을 다시 제모양 빚어 만드는 것으로 밤이 재료인 율란,대추가 재료인 조란, 생강이 재료인 생란 들이 여기에 든다. 그런가 하면 곶감쌈도 숙실과의 한 가지이다. 밤초와 대추초는 쌍동이처럼 둘을 같이 만들어 한 그릇에 담아 내며 율란, 조란, 생란도 손이 좀 많이 가긴 해도 함께 담아내는 것이 보기에 좋다.

밤초와 대추초 밤초와 대추초는 같이 따라다니는 과자이다. 늘 쌍동이처럼 둘을 같이 만들어 한 그릇에 담아 잔칫상을 장식한다. 햇과일이 나오는 가을철 시식으로 차와 함께 곁들이면 가을의 운치를 더 깊이 느낄 수 있다. 밤초는 밤의 노오란 빛깔이 변하지 않게 말갛게 조리는 것이 맛 내는 요령이고, 대추초도 태우지 않고 윤이 나게 볶아야 한다.

먼저 밤 모양이 다치지 않도록 껍질을 벗긴다. 빛깔이 변하지 않게 물에 담근 채로 깎아 명반이나 백반을 푼 물에 담가 둔다. 그러면 밤의 조직이 단단해져서 조릴 때 부서지지 않는다. 대추도 되도록 큰 것으로 골라 한쪽 면을 갈라서 씨를 뺀다. 씨를 빼낸 안쪽 면에 꿀을 바르고 잣을 세 개쯤 넣어 잘 오무리고 꼭지에도 하나 박는다. 밤은 끓는 물에 슬쩍 데쳐 설탕물에 조리다가 꿀과 계핏가루를 넣어 마저 조린다. 이 때 한지로 위를 덮어 밤이 설탕물 위로 떠오르지 않게 한다. 잣을 박은 대추도 계핏가루를 탄 꿀에 넣어 약한 불에서 고루 볶는다.

율란, 조란, 생란 율란은 본래 황률 곧 말린 밤을 가루내어 물로 반죽하여 만드나 날밤을 삶아 으깨어 쓰기도 한다. 여기에 꿀을 섞어 덩어리지게 뭉쳐 밤 모양이 나게 빚고 계핏가루를 살짝 묻힌다. 조란은 살짝 찐 대추를 씨를 발라내고 잘게 다져 꿀과 계핏가루를 넣어 약한 불에서 조린 다음 덩어리지게 뭉쳐서 대추 모양대로 빚고 잣을 박은 것이다. 그런가 하면 강란이라고도 부르는 생란을 만들려면 먼저 생강을 얇게 저며 곱게 갈아 체에 내려 건지를 받고 헹군 물은 받아두어 녹말을 가라안친다. 남비에 건지를 넣고 설탕을 넣어 거품은 걷어 내면서 조리다가 반쯤 조려지면 물엿(꿀)을 넣고 거의 다 조려져 물기가 조금 남았을 때 꿀과 생강녹말을 넣어 고루 섞어 엉기게 한다. 완전히 식힌 다음 생강 비슷하게 세뿔 모양으로 빚어서 잣가루에 굴린다. 따끈하고 달지 않은 차와 함께 내면 잘 어울린다.

과편류

과편은 과일을 이용해서 묵 쑤듯이 만드는, 서양의 젤리와 비슷한 과자이다. 과일 중에 신맛이 들어 있는 것을 주로 쓰고, 사과나 배, 복숭아는 빛깔이 변하므로 쓰지 않는다. 곧 딸기나 앵두, 살구, 산사 산사와 과육이 부드럽고 맛이 시어야 하며 빛깔이 고와야 한다. 늦가을부터 겨울에 흔한 모과는 단단하므로 껍질을 벗기고 오래 삶는다. 더러는 과일 대신에 오미자를 진하게 우려서 섞기도 하는데 이것을 오미자편이라고 한다.

이러한 과편을 만들려면 우선 과일을 삶아 으깨어 고운 체에 거른다. 여기에 녹두 전분을 넣고 설탕을 조금씩 섞어 가면서 계속 저어 끓인다. 타지 않도록 나무주걱으로 젓다가 즙이 묵직할 정도로 녹녹해지면 사각 그릇에 물을 바른 뒤에 쏟아서 굳힌다. 빨리 굳히려면 그릇째 얼음을 넣은 통에 채워 두면 된다. 말랑말랑하고 매끄럽고 새콤한 맛이 우리 고유한 미각을 떠올리게 한다.

생강을 가지고 과편을 만들기도 한다. 생강을 깨끗이 씻어 물을 붓고 삶아서 매운 물을 따르고 다시 새 물을 부어 끓이기를 두세 번 한 뒤 생강을 꺼내 곱게 이긴다. 설탕물을 걸쭉하게 끓여 이긴 생강을 넣고 다시 끓여 불에서 내린 다음 송화가루와 계핏가루를 섞고 잘 저어서 차게 식힌다. 다 식었으면 대추만큼씩 떼어 장방형으로 얄팍하게 모양을 만들어 꿀을 바르고 잣가루를 묻힌다.

다식류

다식은 깨(흰깨, 검은깨), 콩(백태, 청태), 찹쌀, 송화, 녹두, 녹말 들을 가루내어 꿀로 반죽한 다음 모양틀에 찍어 낸 과사로 녹차와 곁들여 먹으면 차 맛을 한층 더 높여 준다. 「삼국유사」의 기록을 보면 제사에 차를 쓴다는 말이 나온다. 중국 송나라에서 고려에 예폐로 보낸 차를 시초로 해서 이를 즐기게 되었다고 하는데 용단이라 하는 찻가루덩이를 물을 부어 마셨다. 이 찻가루가 다른 곡식 가루를 뭉친 형태로 바뀐 것이 지금의 다식이 아닌가 추측된다.

다식을 찍어 내는 모양틀은 문양이 퍽 다양하다. '수, 복, 강, 령'의 인간의 복을 비는 글귀를 비롯해서 꽃 무늬, 수레바퀴 모양, 완자무늬 들에 이르기까지 조각의 모양새가 정교하여 그 시기의 예술성을 엿볼 수 있는 하나의 도구이다.

「규합총서」에 흑임자다식 만드는 법이 아주 재미있게 적혀 있어 잠깐 소개한다. "검은깨를 소반에 놓고, 흰깨를 낱낱이 가리고, 타게 볶으면 못쓰니 알맞추어 볶아 찧어, 고운 체로 쳐 좋은 꿀로 질게 반죽하여 돌 절구에 마주 서서 힘껏 오래 찧어라. 위로 기름이 흐르거든 덩이지어 수건이나 센 손으로 죄 기름을 짠 후, 글자 깊고 분명한 사기판에 사탕가루로 글자만 빈 틈 없이 메우고, 다른 데 묻은 것은 다 씻고 검은깨 쥔 것을 미리 다식 모양처럼 만들어 판에 박아 내면 흑백이 분명하여 검은 비단에 흰 실로 글자를 수 놓은 듯하다. 사탕을 잘못 놓아 두루 묻으면 깔끔치 못하다."

다식은 이처럼 흑임자를 가지고 할 수도 있고 말린 밤으로도 할 수 있으며 진말다식이라고 하여 밀가루를 누릇하게 볶아서 할 수도 있다. 누릇하게 색이 나는 다식이 있는데 흰콩을 볶거나 쪄서 바싹 말렸다가 곱게 빻아 만드는 콩다식, 또 청태로 하여 쑥빛이 나는 다식도 있다.

송화다식은 그 가운데에서도 가장 귀한 것이다. 봄철 솔가지에서 떨어지는 노란 가루를 올 담긴 자배기에 받아 위에 뜨면 건져 한지에 깔아 말려 두었다가 쓴다. 녹말다식은 녹두를 갈아 고운 명 자루에 짜서 앙금을 받아 가라앉혔다가 웃물을 따라내고 오미자 국물에 꿀을 섞어 반죽하여 쓴다.

반죽을 한 뒤에는 절구에 한참 쳐서 재료가 서로 어우러져야 다식판에 찍어 내기가 편하다. 다식판은 여러 개를 한번에 찍어 내도록 되어 있어 밤톨만하게 떼어 구멍에 넣고 엄지손가락으로 꼭꼭 눌러 한번에 찍어 뒤집어 낸다. 이에 따라 새겨지는 무늬를 보면 퍽 매력 있는 과자이다.

꿀은 각 재료에 따라 수분을 지닌 정도가 다르므로 가루 한 컵에 서너 큰술을 먼저 넣고 어우러지는 정도를 보아 조금씩 넣어가며 반죽한다. 설탕물을 끓여 섞으면 금방 딱딱해지니 꿀이 없으면 설탕을 쓰지 말고 물엿을 쓰도록 한다.

분홍, 검정, 갈색, 노랑, 흰색의 다섯 가지 색을 만들어 팔각진 목기나 둥근 목기에 돌려 담는다. 한 층씩 어긋나게 색을 돌리면서 담아 쌓으면 연결된 줄로 보여 매우 아름답다. 회갑연의 고임에서 높이 쌓인 것을 보면 예술이라는 말이 절로 나온다.

정과류

정과는 식물의 뿌리나 열매를 꿀이나 물엿으로 쫄깃쫄깃하고 달짝지근하게 조린 것으로 전과라고 부르기도 한다. 보통 다과상에도 오르지만 특히 제수 때에는 제기에 괴어 담고, 잔치 때의 큰상에는 평접시에 괴어 담는다. 고종 때의 궁중 진연을 기록한 「의궤」(儀軌)를 보면 정과 한 그릇의 재료와 분량이 잘 적혀 있다. 곧 연근과 산사자(아가위나무 열매) 각 두 되, 생강 일곱 근, 질경(도라지) 스무 단, 모과 열 개와 그 밖에 청매당(매화나무 열매를 설탕에 조린 것) 한 봉, 당행인(중국산 살구씨) 반 봉, 동아(박과에 속하는 만초) 다섯 편, 청밀 한 말 일곱 되가 쓰였다.

정과는 꿀로 조리면 향기롭고 맛이 한결 좋아지는데 아주 된 꿀이어야 졸깃졸깃하다. 요즈음에는 꿀 내신 설탕을 쓰는 수가 많은데 꿀이나 조청이나 설탕은 저마다 장단점이 있으므로 알맞게 섞어서 쓰면 좋다.

정과에는 끈적끈적하게 만드는 진정과와 설탕의 결정이 버석버석할 만큼 아주 마르게 만드는 건정과가 있다. 술 안주로 흔히 사용하는 편강은 생강을 건정과로 만든 것이다.

진정과는 먼저 재료를 알맞은 크기로 썰어서 끓는 물에 잠깐 데쳐서 조직을 연하게 한 다음, 설탕물에 넣고 조린다. 당분은 세포 안의 물이 빠져야 스며들기 쉬우므로 처음에는 설탕을 재료 무게의 반만 넣고 물을 재료가 덮일 만큼 붓고 끓여서 설탕물이 끈끈해질 때까지 기다린다. 그런 다음 설탕 분량의 반쯤 되게 조청을 넣고 계속 조려서 아주 끈끈해지면 다시 꿀을 조청의 반이 되게 넣고 알맞게 조린다. 그러면 향기가 아주 좋아진다. 이 때 꿀이 지나치게 되게 조려지면 정과가 한 덩어리로 붙어서 뗄 수가 없고 모양이 예쁘지 않다. 그러므로 물이 조금 남아 있는 채로 어레미에 쏟아 꿀물이 흘러내리면 모양있게 펴서 그릇에 담는 것이 좋다.

건정과는 먼저 진정과가 다 된 것을 어레미에 쏟아 설탕과 꿀물이 모두 흘러나오게 한 다음에, 마른 설탕을 고루 묻히면 설탕이 수분을 빨아 들여 펼쳐 두면 정과가 빳빳해지면서 마른다.

앞에 든 「의궤」의 기록을 보면 예전에는 정과의 재료가 퍽 다양했음을 알 수 있는데 요새는 기껏해야 연근이나 생강, 모과, 무를 써

무정과/무말랭이나 무를 둥글고 갸름하게 썰어 만든다.

서 만들 뿐이다. 정과 중에서 가장 이름 높은 정과는 옹기 굽는 가마에서 구워낸 꼬막조개 껍데기 가루를 동아 썬 것과 섞어 두었다가 섬유질이 연해지면 씻어 꿀로 조려내는 전라도의 동아정과이다. 맥문동, 산사와 같은 한약재도 옛날에는 정과 재료로 썼다.

엿강정류

엿강정은 여러 가지 곡식이나 견과류를 알갱이가 작은 것은 그대로, 큰 것은 잘게 부수어 엿물을 부어 굳힌 과자이다. 주로 흑임자, 들깨, 참깨, 파란콩, 검정콩, 땅콩, 잣 들을 쓰고 웃고명으로 잣이나 호도, 땅콩을 박아 고소한 맛과 향기를 더한다. 어른 아이 할 것 없이 누구나 좋아하며 간식으로 또는 밥상이나 떡상을 물리고 나서 차 마시며 먹기에 그만이다. 간식거리이면서도 만물 중에 귀하디 귀한 씨앗만을 재료로 쓰므로 단백질과 지방과 무기질이 가득한 영양의 보고이니 일석이조를 거둘 수 있다. 예전에는 설날에 세배하러 오는 아이들한테 세뱃값으로 주기에 좋은 선물이었다.

엿강정의 엿은 접착제의 구실을 하는 정도이므로 엿보다는 그 양이 적게 쓰인다. 엿강정을 잘 만들려면 엿물을 알맞게 끓이는 일이 중요하다. 물엿이나 엿만으로 하면 잘 굳지 않고 늘어지기 쉬우며 그렇다고 설탕만으로 굳히려면 다시 결정체로 되어 부서지기 쉽다. 그러므로 설탕과 꿀과 물엿을 같은 양으로 배합하여 엿물을 만드는 것이 실패하지 않는 비결이다.

또 엿강정에 쓸 재료를 다듬는 일도 중요하다. 깨는 흙 없이 깨끗이 일어야 하는데 바가지에 담아 물을 조금 붓고 박박 문질러 겉껍질을 벗겨야 한다. 물을 부어 헹구면 껍질이 밖으로 흘러나간다. 이것을 실깨한다고 하는데 흑임자나 들깨는 실깨하지 않고 그냥 쓴다. 땅콩은 껍질을 잘 벗기고 눈을 따야 먹을 때 쓴맛이 없다. 알이 크므로 굵게 다져서 써야 한다. 콩은 껍질이 타지 않게 볶아낸 뒤에 바짝

말렸다가 방앗간에서 굵게 빻아 굵은 체에 내려서 가루는 빼고 알갱이만 쓴다.

엿

찹쌀, 멥쌀, 좁쌀, 수수 같은 곡식을 밥 짓듯이 하여 엿기름으로 당화시킨 다음 오래 조려 콩가루나 전분에 떠내어 둥글넙적하게 굳힌 것이 갱엿이다. 이 갱엿이 엿의 기본 재료가 되며 호도나 깨, 낙화생, 생강, 콩 들을 드문드문 섞으면 호도엿, 깨엿, 생강엿, 콩엿 들이 된다.

갱엿 만드는 법은 이렇다. 쌀을 잘 씻어 일어서 고슬고슬하게 밥을 짓는다. 밥이 다 되거든 다른 솥에 옮겨 퍼담고 더운 물에 엿기름가루를 풀어서 밥솥에 붓고 뚜껑을 덮는다. 솥 밑이 훈훈하도록 불을 때서 밥이 다 풀어져 물이 되기까지 계속 삭힌다. 위에 맑은 물이 떠 있고 찍어 먹어 보아 단맛이 나면 베자루에 붓고 걸러서 눋지 않도록 끓인다. 주걱으로 계속 저어 끓이다가 주걱을 들어 엿이 실같이 가늘게 늘어져 따라 올라오면 잘 된 것이니 바로 퍼서 식힌다. 갱엿이 딱딱히 굳기 전에 계속 늘려 잡아당기면 공기가 들어가 흰엿이 된다. 쌀 대신에 수수를 쓰면 수수엿이 된다.

화채와 차

요새 사람들은 더운 여름날 으레 콜라나 사이다 같은 청량음료를 마셔 손쉽게 갈증을 푼다. 그러나 거개가 설탕물 맛이기 쉬운 그런 인공 음료는 마시는 순간만 시원하고 오히려 갈증을 더 일으킨다. 인공 음료의 개발이 필요없을 만큼 물맛이 좋았던 옛날에는 자연수를 이용해서 그 철에 나는 과일로 화채를 만들어 먹었으니 더위를 식히기에도, 땀 흘려 잃은 영양을 채우기에도 적합하였다.

흔히 한국 사람의 식성에 밥상의 마무리는 구수한 숭늉으로, 주안상의 마무리는 시원한 화채로 하는 것이 알맞은데 그 맛이 과연 신선의 맛이라 칭송을 받을 만하다. 동양에서도 중국과 일본은 뜨거운 차를 즐기는데 우리나라에서는 한겨울에도 화채나 수정과, 식혜를 즐겨 마신다. 한식 음료는 크게 따끈하게 마시는 차와 차게 해서 마시는 화채로 나뉜다.

화채

차게 해서 마시는 한식 음료는 맛을 내는 특징이 네 가지가 있다.

곧, 첫째 꿀이나 엿기름물을 기본으로 하는 음료, 둘째 한방약재를 달여 맛을 내는 음료, 세째 오미자를 달인 물을 기본 국물로 쓰는 음료, 네째 과일즙과 과일조각으로 맛을 내는 음료 들이 그것이다.

꿀물을 기본으로 하는 음료

옛날부터 더위를 이기는 데는 꿀물을 가장 이상적인 음료로 쳤다. 더위를 식히기에도, 타는 속을 풀기에도 그만인데다 향기가 좋을 뿐더러 약효도 뛰어나다. 꿀은 그 역사가 일만 년이 넘어서 옛 동굴 벽화에 벌꿀 뜨는 모습이 그려 있기도 하다. 꿀은 채밀기에 따라 향기나 빛깔, 농도, 맛이 다른데 빛깔이 검은 꿀은 주로 약꿀로 쓰며, 흰 꿀은 단맛이 없어 음료에 쓰인다. 화채에 쓰이는 꿀로는 싸리꿀, 아카시아꿀, 유채꿀이 좋다. 꿀을 써서 맛을 내는 음료로 대표적인 것이 식혜, 미수, 떡수단, 송화밀수 들이다.

식혜 식혜는 우리의 음료 중에서 수정과와 더불어 가장 널리 퍼진 대표적인 음료이다. 요즈음에 조금 규모가 크다 싶은 음식점에서 후식으로 식혜를 내놓는 일이 많은데 제대로 옛 맛을 살려 만든 식혜는 거의 없고 설탕물에 밥알을 띄운 것이 대부분이다. 식혜는 감주라고도 불리며 만드는 방법이 지방에 따라 조금씩 다르다. 특히 고춧가루가 들어가 빛깔이 붉으레하고 밤과 생강, 무가 들어가는 안동 식혜는 맵싸하고 화한 맛이 나서 노르스름하고 달짝지근한 여느 식혜와는 얼른 구별이 된다.

식혜를 옛 맛 나게 만들려면 이렇게 한다. 먼저 반드시 멥쌀을 씻어 불려 찜통에서 식혜밥을 찐다. 도중에 물을 약간 뿌려 심까지 잘 익힌다. 엿기름가루는 따뜻한 물에 한 시간쯤 담가 충분히 우려낸 뒤에 체에 밭여 꼭 짜서 진한 국물을 받아내고 건더기는 거른다. 체에 걸러 받아 둔 진한 엿기름물을 그대로 두어 앙금을 가라앉히고 맑은 웃물만 따라내어 고슬고슬하게 찐 뜨거운 밥에 섞어 섭씨 오륙십도쯤 되는 온도로 다섯 시간쯤 둔다. 예전에는 뜨뜻한 아랫목에 두고 두꺼운 솜이불을 덮어 그 온도를 유지했으나 요새는 보온 밥통을 이용하면 편리하다. 밥알이 삭아서 떠오르기 시작하면 떠오른 건더기를 조리로 건져서 찬물에 헹궈 따로 두었다가 상에 낼 때 띄워 낸다. 밥알을 얼마쯤 건져낸 단물에 물을 더 부어 끓이는데 설탕으로 단맛을 적당히 맞춘다. 그런데 전라도에서는 밥알을 건져내지 않고 그대로 삭혀 진한 국물 맛을 즐기기도 하는데 감주라고 한다.

지방에 따라서 국물을 즐기는 곳이 있는가 하면 밥알을 더 즐겨 숟가락으로 퍼먹는 곳도 있다. 명절에 맛있는 음식을 푸짐하게 먹고 나서 식혜를 한 대접 마시면 먹은 것이 쑥 내려가 뱃속이 편해지고 입안이 개운해진다.

송화밀수 궁중에서 즐겨 마시던 고급스런 음료이다. 맛 좋은 옥류천 물에 꿀을 듬뿍 탄 뒤 송화가루를 한 술 타서 젓는다. 이 가루는 가벼워서 물 위에 뜨며 섞여 풀어지지 않는다. 이것을 한 대접 마시고 나면 더위도 가시고 몸에 이롭다고 한다. 그 약효가 어떤지 밝혀지지는 않았으나 송화가루는 바로 꿀벌이 먹는 꽃가루로 비타민 씨의 보고임은 확실하다.

떡수단 흰떡을 아주 가늘게, 연필 굵기 정도로 비벼서 콩알만큼씩 끊어 바로 놓고 가운데를 손바닥으로 눌러 단추 모양으로 만든 것이 떡수단이다. 이 자잘한 떡수단거리를 녹말을 입혀서 끓는 물에 삶아 찬 물에 건진 것을 꿀물에 띄워 먹는다. 꿀물 대신 오미자국물을 쓰기도 한다. 통잣을 몇 개 띄워 마시면 시원한 여름철 음료가 된다.

미수 곡식을 쪄서 말리거나 볶아서 곱게 빻아 그 가루를 꿀물에 타 마신다. 여름에 입맛이 없을 때 쉽게 먹을 수 있으며 속을 든든하게 해 주는 음료이다. 찹쌀, 멥쌀, 보리쌀을 주로 하고 영양이나 고소한 맛을 더 주기 위해 콩이나 깨를 섞기도 한다. 미숫가루를 탈 때는 물을 한번에 부어 저으면 위로 떠 버리므로 설탕을 미리 섞고 물을 적당히 부어 고루 저은 뒤에 찬물을 붓는다.

원소병 늦가을부터 겨울에 만드는 화채이다. 귤병과 청매와 대추를 곱게 다진 데다 계핏가루와 꿀을 섞어 만든 소를 넣어 삶아낸 찹쌀 경단을 꿀물이나 오미자국물에 띄운 음료이다.

한방 약재를 달여 마시는 음료

한방에서 쓰는 약재를 달여서 꿀이나 설탕을 타서 마시면 더위를 피하고 몸을 보할 수 있다. 한 가지 약재만을 쓰기도 하고 여러 가지를 섞어 오묘한 맛을 내기도 한다. 제호탕, 계피화채, 생강화채, 미삼화채, 수정과, 배숙 들이 여기에 든다.

계피, 생강화채 계피화채는 계피를 생강과 대추와 같이 넣어 끓여 설탕이나 꿀을 타서 마시는 음료이다. 또 생강화채는 생강을 얇게 저며 물에 넣고 끓여서 꿀이나 설탕을 타 그대로 마시기도 하고 곶감을 띄워 곶감수정과를 만들어 먹기도 한다. 생강화채는 우리의 몸에 이로운 음료이므로 보리차를 끓이듯 집에서 늘 끓여 마시는 음료로 하면 좋다.

배숙 배숙은 배를 네 조각 내어 몸에 통후추를 서너 개 박아 생강 물에 끓여 차게 마시는 음료이다. 이숙이라고도 하는데 이는 배를 익혔다는 뜻이고 예전에는 산에서 나는 곰이 단단한 문배류로 만들었다고 한다.

원소병/떡수단과 같은 음료로 정월 보름날 만들어 먹는다.

곶감수정과 곶감수정과는 어느 집에서나 잘 해먹는 음료로 주로 햇곶감이 나오는 초겨울부터 음력 정월에 만든다. 계피와 생강을 넣고 끓인 물을 체에 밭여서 다시 설탕을 섞어 끓인 다음 미지근할 때 곶감을 넣고 잘 덮어서 서늘한 곳에 둔다. 국물 맛이 시원하고 향긋한 데다 말랑말랑한 곶감이 달콤하게 씹히니 한국 사람이면 누구나 좋아하는 음료이다.

제호탕 음료라기보다 약에 더 가깝게 느껴지는 제호탕은 그야말로 여러 가지 약재를 넣어 달인 물이다. 옛 기록을 보면 궁중에서는 단오에 임금이 신하들에게 부채를 하사하고 궁중 안의 의원에서는 제호탕을 지어 임금께 진상하였다고 한다. 그러면 임금은 이 제호탕을 나이 일흔살이 넘은 정이품 이상의 문관이 모이는 기로소에 하사하기도 하였다. 방문은 허준이 지은 「동의보감」에 자세히 기록되어 있다. 곧 백청 한 되, 오매육말(풋매실을 살만 발라 말려낸 가루) 열 냥쭝(375 그램), 백단향 팔 돈쭝(30 그램), 사인 네 돈쭝(15 그램), 초과 세 돈쭝(11.25 그램)이 제호탕을 짓는 데에 든다. 이것들을 곱게 가루내어 꿀을 넣고 오랜 시간 저으면서 중탕했다가 백자항아리에 담아 두고 차가운 정화수에 한 숟가락씩 타서 마신다. 한약재 냄새가 나긴 하지만 풋매실의 시큼하면서도 향기로운 맛과 꿀맛이 어우러져 속이 확 뚫리고 시원한 기분이 오래 지속된다. 단오에 이것을 마시면 한 해 내내 더위를 타지 않는다고 믿었다.

오미자 달인 물을 기본 국물로 쓰는 음료

오미자는 우리나라에서만 나는 식물로 돌이 많은 산기슭에 덩굴로 무성하게 자라 가을에 열매를 맺는다. 크기는 팥알만 하고 대추처럼 빛깔이 검붉다. 햇것일수록 과육이 많이 붙었으며 끈끈하게 붉은 빛이 난다. 때가 지나면 말라서 검게 변한다. 화채를 하려면 금방 딴 것이 빛깔이 더 곱게 나오고 신맛이 더 잘 우러난다. 오미자를 우려낸 물은 정작 시기만 하고 아무 맛이 없으나 설탕이나 꿀을 타면 무엇과도 비길 수 없는 오묘한 맛이 난다. 글자 그대로 다섯 가지 맛이 나니 곧 신맛, 쓴맛, 단맛, 매운맛, 짠맛을 가지고 있으며 신체의 각 부분 곧 간장, 심장, 신장, 폐장, 비장 들을 다스리는 데에 효과가 있다고 한다.

오미자국물을 만들려면, 먼저 오미자를 맑은 물에 한 번 씻어 필요한 양의 삼분의 일의 물을 부어 하룻밤 담가 둔다. 오미자를 우린 것을 발이 고운 헝겊에 밭여 맑고 분홍빛이 나는 물을 받는다. 이 물은 너무 진하므로 찬물을 타서 신맛을 맞추고 설탕이나 꿀을 탄다. 너무 시면 소금을 약간 넣어 신맛을 가라앉힌다.

오미자를 더운 차로 끓여 마시기도 하나 떫고 쓴맛이 나서 별로 좋지 않다. 오미자화채란 이 오미자 국물에 갖가지 건더기를 띄운 것으로 진달래화채, 가련화채, 장미화채, 보리수단, 책면, 배화채 들의 기본 국물을 이룬다.

책면 책면은 이제 그 이름조차 생소하게 들리는, 사라져 버리다시피한 음료이다. 창면이라고도 하는 이것은 1900년대까지 양반집에서 곧잘 만들어 먹었다. 책면의 기본은 오미자국물이고 건지로는 녹두전분 곧 녹말로 만든 아주 가는 국수가 쓰였다. 요새는 녹두전분을 만들어 쓰는 이가 드물고 파는 데도 없어서 책면을 해먹는 집이 거의 없다. 녹두전분 만드는 법은 다음과 같다.

먼저 녹두를 반쪽씩 갈라지도록 맷돌에 갈아 아주 잔 가루는 빼고 찬물에 담가 하룻밤 불린 뒤에 껍질을 비벼서 벗긴다. 이것을 녹두쌀이라고 한다. 녹두쌀을 아주 곱게 갈리는 맷돌에 물을 부으며 천천히 갈아 고운 헝겊자루에 넣어 찬 물에 짜내면 뿌연 물이 모두 짜지는데, 이 때 맑은 물이 나오도록 새 물을 부어 자루를 짜낸다. 이 물을 자배기에 담아 그늘에 두면 녹말이 가라앉는다. 웃물을 따라 버리고 녹말을 숟가락으로 펴내어 바람이 통하는 그늘에서 바싹 말리면 녹두전분이 된다. 이것을 가지고 가는 국수를 만들어 오미자국물에 띄우면 분홍빛 국물에 하얀 국수 가닥이 아른아른하게 비쳐 아름답다.

배화채 배를 꽃 모양으로 뜨거나 채썰어 띄운다.

진달래화채 진달래꽃의 술을 따고 마른 녹말을 묻혀 살짝 데쳐내어 띄우는 시절화채로 멋이 있다.

보리수단 초여름이 되어 햇보리가 나오면 삶아서 녹말을 여러 겹 묻혀 다시 삶아 유리 구슬처럼 매끄럽게 만든 것을 오미자국물에 띄우는 화채이다.

과일즙과 과일로 맛을 내는 음료

여름철에는 과일이 가장 흔하므로 과일화채가 단연 돋보이는 음료가 된다. 주로 앵두, 딸기, 수박, 포도, 복숭아, 유자, 모과, 밀감 들을 재료로 쓴다. 서양 음료처럼 과일즙만 짜서 만드는 쥬스가 아니고, 붉은빛, 노란빛 과일즙에 과일 조각을 띄운 것이니 맛도 좋고 보기에도 예쁘다. 과일화채를 오미자국물로 쓰는 수도 있으나 신맛 나는 물에 신 과일을 띄우는 것이 그다지 이상적인 맛을 내지는 못할 듯하나. 보통 제 과일즙에 제 과일을 띄우는 것이 원칙이다.

특히 가을에 열리는 노랗고 탐스러운 유자로 만들어 먹는 유자화채는 별미이다. 유자는 껍질만 가늘게 채로 썰고 배는 굵게 채쳐서 쓴다. 화채국물은 유자 알맹이에서 나오는 신맛 나는 즙에 설탕이나 꿀을 타 달고 시게 만든다.

유자를 저장하려면 유자청을 만들어 두면 된다. 유자를 껍질과 알맹이로 따로 나누어 설탕이나 꿀에 재어 유리병에 담는다. 사나흘이 지나면 유자물이 나와 흥건히 고이는데 이것이 유자청으로 여름에 냉수에 타서 마시면 그 맛이 독특하다.

차

우리 조상들은 숭늉을 빼놓고는 더운 차보다 찬 것을 즐기기는 하였지만 그럼에도 불구하고 차의 역사는 꽤 길다. 신라 흥덕왕 때에 김대렴이 중국에서 차나무를 가져와 지리산에 심은 것을 보아도 알 수 있다. 차 문화는 고려 시대에 한창 흥하였다가 배불사상으로 주춤하였으며 육이오 뒤로 커피가 들어와 뒤로 밀려났다. 그러나 요즘 다시 우리 차에 관심을 가지는 사람이 많아지고 있다. 차는 녹차류인 작설차, 설록차, 죽로차 따위의 찻잎에 더운 물을 부어 우려서 마시는 녹차와 한방재로 쓰이는 생강, 계피, 인삼, 구기자, 오미자 따위를 끓여 맛을 우려내는 탕차, 신과일을 넣어 끓이는 과일차로 나눌 수 있다.

차는 그저 음료로 마시는 데에 그치기보다 몸에 보탬이 되는 약용으로 마셨고 몸을 보호하는 양생의 선약으로 여겼다. 겨울에 마시는 차는 몸을 따뜻하게 하고 감기를 예방하는 데 효과가 있다. 고려 시대에는 주로 엽차를 마시고 조선 시대에는 한방약재를 달이는 탕차가 유행한 듯하다.

녹차

녹차는 차를 통하여 도를 터득하고 차의 맛과 다실의 분위기에서 인생을 생각하고 더 나은 자아를 찾는 데에 뜻을 둔다.

차의 물은 산수나 우물물이 좋으며 수도물은 염소 냄새가 나므로 가라앉혔다가 쓴다. 찻물은 완전히 끓인 뒤에 섭씨 70도에서 80도로 식혀서 써야 한다. 다도에는 차구가 따르는데 너무 격식을 찾다 보면 참뜻을 모르므로 찻주전자, 찻잔, 차받침 정도만 있어도 된다. 찻잎은 한 사람에 한 수저를 넣으면 되고 삼 분 정도 우리면 된다. 한 번 우려내 찻 잎에 몇 번 더 물을 부어 마셔도 되고, 여러 잔을 따를 때에는 농도를 맞추어야 하니 순서대로 조금씩 따르다가 다시 거꾸로 따른다.

한방차

한방재를 넣어 달여 마시는 차는 몸의 보양은 물론이고 치료 효과도 가진다. 구기자, 생강, 계피, 대추, 인삼, 오미자, 칡, 결명자, 율무 따위를 재료로 쓰며 약재가 향이 진하므로 옅게 끓여 마신다. 꿀이나 설탕을 타서 마시기도 한다.

과일차

비타민 씨가 듬뿍 든 신 과일 곧 사과, 유자, 모과, 귤껍질, 석류를 물에 넣고 끓이거나 꿀에 쟁여 둔 과일을 찻잔에 담고 뜨거운 물을 부어 마신다. 겨울에 감기를 예방해 주기도 한다.

다과상

차와 과자를 같이 차려 낸 상을 다과상이라고 한다. 약과, 강정,

정과 같은 한과는 따끈한 차와 어울려 맛과 분위기를 돋우어 준다. 다과상은 음식을 차려 내지 않는 식간에 내놓게 되므로 식사를 하지 않은 손님에게는 다과상을 차리게 된다.

한과는 대부분 단맛이 있는 것이므로 달지 않은 차가 어울리고 너무 크거나 버석버석 소리가 나는 것, 고물이 떨어지는 것을 내놓을 때에는 빈 접시를 앞앞이 놓아 조금씩 덜어 먹을 수 있게 대접한다. 다과상은 언제라도 쉽게 차릴 수 있어야 하므로 집안에 늘 한과나 떡이 떨어지지 않게 냉장고나 냉동실에 준비해 두었다가 내놓는 지혜가 필요하다.

참고 문헌

강인희, 『한국의 맛』, 대한교과서주식회사, 1990.

김경진, 「한국 떡문화 연구」, 『김경진교수 정년기념논문집』, 1986.

방신영, 『우리나라 음식 만드는 법』, 장충도서출판사, 1958.

빙허각 이씨 저 · 정양완 역, 『규합총서』, 보진재, 1975.

이효지, 「조선시대 떡문화 연구」, 한국조리과학회, 1988.

황혜성, 「한국음식(떡, 과자 편)」, 『오늘의 요리』11, 주부생활사, 1988.

——, 「전통향토음식 조사연구보고서」, 문화공보부, 1979.

——, 『조선왕조 궁중음식』, 궁중음식연구원, 1994.

——, 「한국 민속 종합조사보고서(향토음식 편)」, 문화공보부 문화재관리국, 1987.

——, 『한국요리백과사전』, 삼중당, 1976.

——, 『한국의 미각』, 궁중음식연구원, 1971.

빛깔있는 책들 201-3

떡과 과자

초판 1쇄 발행 | 1989년 5월 15일
초판 8쇄 발행 | 2003년 5월 30일
재판 1쇄 발행 | 2013년 9월 30일

글 · 사진 | 한복려

발행인 | 김남석
편 집 이 사 | 김정옥
편집디자인 | 임세희
전 무 | 정만성
영 업 부 장 | 이현석

발행처 | (주)대원사
주 소 | 135-230 서울시 강남구 양재대로 55길 37, 302(일원동 대노빌딩)
전 화 | (02)757-6717~6719
팩시밀리 | (02)775-8043
등록번호 | 등록 제3-191호
홈페이지 | www.daewonsa.co.kr

값 8,500원

ISBN 978-89-369-0062-5

잘못 만들어진 책은 바꾸어 드립니다.

빛깔있는 책들

민속(분류번호:101)

1 짚문화 / 2 유기 / 3 소반 / 4 민속놀이(개정판) / 5 전통 매듭
6 전통 자수 / 7 복식 / 8 팔도 굿 / 9 제주 성읍 마을 / 10 조상 제례
11 한국의 배 / 12 한국의 춤 / 13 전통 부채 / 14 우리 옛 악기 / 15 솟대
16 전통 상례 / 17 농기구 / 18 옛 다리 / 19 장승과 벅수 / 106 옹기
111 풀문화 / 112 한국의 무속 / 120 탈춤 / 121 동신당 / 129 안동 하회 마을
140 풍수지리 / 149 탈 / 158 서낭당 / 159 전통 목가구 / 165 전통 문양
169 옛 안경과 안경집 / 187 종이 공예 문화 / 195 한국의 부엌 / 201 전통 옷감 / 209 한국의 화폐
210한국의 풍어제 / 270 한국의 벽사부적

고미술(분류번호:102)

20 한옥의 조형 / 21 꽃담 / 22 문방사우 / 23 고인쇄 / 24 수원 화성
25 한국의 정자 / 26 벼루 / 27 조선 기와 / 28 안압지 / 29 한국의 옛 조경
30 전각 / 31 분청사기 / 32 창덕궁 / 33 장석과 자물쇠 / 34 종묘와 사직
35 비원 / 36 옛책 / 37 고분 / 38 서양 고지도와 한국 / 39 단청
102 창경궁 / 103 한국의 누 / 104 조선 백자 / 107 한국의 궁궐 / 108 덕수궁
109 한국의 성곽 / 113 한국의 서원 / 116 토우 / 122 옛기와 / 125 고분 유물
136 석등 / 147 민화 / 152 북한산성 / 164 풍속화(하나) / 167 궁중 유물(하나)
168 궁중 유물(둘) / 176 전통 과학 건축 / 177 풍속화(둘) / 198 옛 궁궐 그림 / 200 고려 청자
216 산신도 / 219 경복궁 / 222 서원 건축 / 225 한국의 암각화 / 226 우리 옛 도자기
227 옛 전돌 / 229 우리 옛 질그릇 / 232 소쇄원 / 235 한국의 향교 / 239 청동기 문화
243 한국의 황제 / 245 한국의 읍성 / 248 전통 장신구 / 250 전통 남자 장신구 / 258 별전
259 나전공예

불교 문화(분류번호:103)

40 불상 / 41 사원 건축 / 42 범종 / 43 석불 / 44 옛절터
45 경주 남산(하나) / 46 경주 남산(둘) / 47 석탑 / 48 사리구 / 49 요사채
50 불화 / 51 괘불 / 52 신장상 / 53 보살상 / 54 사경
55 불교 목공예 / 56 부도 / 57 불화 그리기 / 58 고승 진영 / 59 미륵불
101 마애불 / 110 통도사 / 117 영산재 / 119 지옥도 / 123 산사의 하루
124 반가사유상 / 127 불국사 / 132 금동불 / 135 만다라 / 145 해인사
150 송광사 / 154 범어사 / 155 대흥사 / 156 법주사 / 157 운주사
171 부석사 / 178 철불 / 180 불교 의식구 / 220 전탑 / 221 마곡사
230 갑사와 동학사 / 236 선암사 / 237 금산사 / 240 수덕사 / 241 화엄사
244 다비와 사리 / 249 선운사 / 255 한국의 가사 / 272 청평사

음식 일반(분류번호:201)

60 전통 음식 / 61 팔도 음식 / 62 떡과 과자 / 63 겨울 음식 / 64 봄가을 음식
65 여름 음식 / 66 명절 음식 / 166 궁중음식과 서울음식 / 207 통과 의례 음식
214 제주도 음식 / 215 김치 / 253 장醬 / 273 밑반찬

건강 식품(분류번호 : 202)

105민간 요법 181 전통 건강 음료

즐거운 생활(분류번호 : 203)

67 다도 68 서예 69 도예 70 동양란 가꾸기 71 분재
72 수석 73 칵테일 74 인테리어 디자인 75 낚시 76 봄가을 한복
77 겨울 한복 78 여름 한복 79 집 꾸미기 80 방과 부엌 꾸미기 81 거실 꾸미기
82 색지 공예 83 신비의 우주 84 실내 원예 85 오디오 114 관상학
115 수상학 134 애견 기르기 138 한국 춘란 가꾸기 139 사진 입문 172 현대 무용 감상법
179 오페라 감상법 192 연극 감상법 193 발레 감상법 205 쪽물들이기 211 뮤지컬 감상법
213 풍경 사진 입문 223 서양 고전음악 감상법 251 와인 254 전통주
269 커피 274 보석과 주얼리

건강 생활(분류번호 : 204)

86 요가 87 볼링 88 골프 89 생활 체조 90 5분 체조
91 기공 92 태극권 133 단전 호흡 162 택견 199 태권도
247 씨름

한국의 자연(분류번호 : 301)

93 집에서 기르는 야생화 94 약이 되는 야생초 95 약용 식물 96 한국의 동굴
97 한국의 텃새 98 한국의 철새 99 한강 100 한국의 곤충 118 고산 식물
126 한국의 호수 128 민물고기 137 야생 동물 141 북한산 142 지리산
143 한라산 144 설악산 151 한국의 토종개 153 강화도 173 속리산
174울릉도 175 소나무 182 독도 183 오대산 184 한국의 자생란
186 계룡산 188 쉽게 구할 수 있는 염료 식물 189 한국의 외래 · 귀화 식물
190 백두산 197 화석 202 월출산 203 해양 생물 206 한국의 버섯
208 한국의 약수 212 주왕산 217 홍도와 흑산도 218 한국의 갯벌 224 한국의 나비
233 동강 234 대나무 238 한국의 샘물 246 백두고원 256 거문도와 백도
257 거제도

미술 일반(분류번호 : 401)

130 한국화 감상법 131 서양화 감상법 146 문자도 148 추상화 감상법 160 중국화 감상법
161 행위 예술 감상법 163 민화 그리기 170 설치 미술 감상법 185 판화 감상법
191근대 수묵 채색화 감상법 194 옛 그림 감상법 196 근대 유화 감상법 204 무대 미술 감상법
228 서예 감상법 231 일본화 감상법 242 사군자 감상법 271 조각 감상법

역사(분류번호 : 501)

252 신문 260 부여 장정마을 261 연기 솔올마을 262 태안 개미목마을 263 아산 외암마을
264 보령 원산도 265 당진 합덕마을 266 금산 불이마을 267 논산 병사마을 268 홍성 독배마을
275 만화